节水型社会建设实践

张继群　张国玉　陈书奇　著

黄河水利出版社
中国水利水电出版社

图书在版编目(CIP)数据

节水型社会建设实践/张继群,张国玉,陈书奇著.—郑州:黄河水利出版社;北京:中国水利水电出版社,2012.11

ISBN 978-7-5509-0375-3

Ⅰ.①节…　Ⅱ.①张…　②张…　③陈…　Ⅲ.①节约用水-研究-中国　Ⅳ.①TU991.64

中国版本图书馆 CIP 数据核字(2012)第 266255 号

出 版 社:黄河水利出版社
　　地址:河南省郑州市顺河路黄委会综合楼14层　邮政编码:450003
　　中国水利水电出版社
　　地址:北京市海淀区玉渊潭南路1号D座　邮政编码:100038
发行单位:黄河水利出版社
　　发行部电话:0371-66026940、66020550、66028024、66022620(传真)
　　E-mail: hhslcbs@126.com
承印单位:河南地质彩色印刷厂
开本:850 mm×1168 mm　1/32
印张:5.25
字数:132 千字　　印数:1—2 000
版次:2012 年 11 月第 1 版　　印次:2012 年 11 月第 1 次印刷

定价:20.00 元

序

21世纪前30年是中国全面建设小康社会的关键时期，也是水资源短缺日益成为阻碍国民经济发展的制约性因素的时期。如何解决好水问题是摆在中国政府，特别是水利工作者面前的一件大事。建设节水型社会是落实科学发展观，加快用水方式转变，应对中国水资源短缺问题的战略性选择。水法明确规定，建立节水型社会。

进入21世纪以来，党中央、国务院先后提出加快建设资源节约型、环境友好型社会。水利部根据中央部署，开展了以建立健全节水管理制度为核心，以提高水资源利用效率与效益为目标的节水型社会建设工作。多年来，通过试点和示范项目建设，以试点带动全局，取得了较好的经济效益、社会效益和生态环境效益，为实现水资源可持续利用、保障经济社会平稳较快发展发挥了积极作用。

在“十二五”时期，国家把建设资源节约型、环境友好型社会作为加快转变经济发展方式的重要着力点，把实行最严格的水资源管理制度作为加快转变经济发展方式的战略举措，把建设节水型社会作为建设资源节约型、环境友好型社会的重要内容，为在更高起点上推进节水型社会建设创造了有利条件。同时，必须看到，当前我国水资源形势依然十分严峻，水资源过度开发、粗放利用及水污染严重、水生态退化的状况还没有根本扭转，节水型社会建设还存在体制、机制等方面的问题有待解决。

节水型社会建设是一场以实践为先导的社会活动，如何能在实践中不断发现和创新，形成来源于实践又能指导实践的科学理论、适合于实践也能引导实践的先进技术方法、立足于实践还能高于实践的普适性经验与做法，是管理者和科研工作者与实践并行的一种责任与义务。本书作者长期从事全国节水型社会建设管理工作，对节水型社会建设有深刻的理解和认识，分析多年工作经验，系统总结节水型社会建设实践而著作本书。

本书在深入分析节水型社会建设的理论基础上，对节水型社会建设工作进行了全面研究和客观总结，提出了深入推进节水型社会建设的思路和方向。同时对节水型社会试点建设进程进行了系统分析，总结了已通过验收的第一批节水型社会建设试点经验，探索了典型试点建设模式，极大地丰富了我国节水型社会建设实践，为试点建设工作提供了可操作性的借鉴。

本书可作为水资源管理工作者和科研人员学习与研究节约用水工作的参考资料，也可作为推进节水型社会建设、加快落实最严格水资源管理制度的重要辅导材料，供各地学习参考。

水利部水资源司原司长

高而坤

二〇一二年六月十二日

前　言

人多水少，水资源时空分布不均且与生产力布局不相匹配，是我国的基本水情，也是我国现代化建设进程中需要长期面对的基本国情。特别是在全球气候变化影响日益明显和工业化、城镇化进程不断加快的情况下，我国水资源供需矛盾更加突出。水资源问题已经成为实现全面建设小康社会战略目标的突出瓶颈，成为可持续发展的重要制约因素。严峻的水资源形势迫切要求我们强化节约用水，提高用水效率，建设节水型社会。

"节水型社会"一词首次正式提出是在 2000 年 10 月中国共产党第十五届中央委员会第五次全体会议通过的《中共中央关于制定国民经济和社会发展第十个五年计划的建议》中。2002 年修订通过的《中华人民共和国水法》明确规定："国家厉行节约用水，大力推行节约用水措施，发展节水型工业、农业和服务业，建立节水型社会。"节水型社会这一名词在《中华人民共和国水法》中被确定下来。同年，水利部在甘肃省张掖市率先进行全国第一家节水型社会建设试点工作，紧接着在 2002 年 10 月，水利部在张掖市召开了全国节水型社会建设动员大会，对节水型社会建设进行了部署。经过十年的开创性建设，星星之火已发展为燎原之势，全国节水型社会建设工作实现了从实践探索到取得系列经验的跨越，从行业推动到全社会建设的跨越。2011 年 7 月，在中央水利工作会议上，胡锦涛总书记强调要把建设节水型社会作为建设资源节约型、环境友好型社会的重要内容，在更高起点上推进节水型社会建设。

在全国节约用水办公室的指导下，作者全面参与了节水型社会建设相关工作。在系统总结我国节水型社会建设实践和相关成果，探讨进一步推进节水型社会建设理论和方法的基础上，归纳、提炼形成了本书内容，以期为节水型社会的管理和建设提供参考与借鉴。

本书第一章对比分析了国内外节水政策，概述了我国节水型社会建设演变历程；第二章剖析了我国节水型社会建设相关理论，分析了近十年的全国节水型社会建设工作进展和成效，介绍了典型省级区域不同时期的节水型社会建设推进情况，总结了节水型社会建设试点总体情况；第三章详细研究了节水型社会试点建设进程，其中探讨了试点评价指标，介绍了试点评估验收工作，总结了第一批12个全国节水型社会建设试点经验，分析了典型试点建设模式；第四章阐述了全面推进节水型社会建设的迫切性，介绍了全国节水型社会建设“十二五”规划摘要，详细研究了用水效率、制度建设、用水定额等关键性工作思路。

本书得到了全国节约用水办公室和水利部综合事业局有关领导的大力支持，水利部水资源管理中心给予了全面帮助，水资源司原司长高而坤专门为本书作序，在此一并表示衷心感谢！由于作者水平和时间有限，难免有遗漏或不妥之处，敬请批评指正！

作　者

2012 年 7 月

目　录

第一章　我国节水型社会建设背景

第一节　我国水资源状况

我国水资源有以下主要特点：一是水资源总量较大，人均占有量不足。水资源量为2.8万亿m^3，居世界第六位，但人均水资源占有量却约为世界人均占有量的28%。二是水资源空间分布不均，与生产力布局不匹配。水资源南方多、北方少，山区多、平原少，与人口、耕地等生产力要素及经济总量分布不匹配。三是年际年内变化大，水旱灾害多。中国大部分地区受季风影响，年内降水主要集中在汛期，枯水年、丰水年的降水及径流差异大，常出现连丰连枯，水旱灾害多发。

基于复杂的水情，我国积极探索、实践，重视合理开发利用水资源，保障经济社会平稳较快发展和维系良好的生态环境，形成水资源可持续利用战略。在取得一系列成就的同时，我们也充分认识到人多水少、水资源时空分布不均仍是我国的基本水情、国情。今后一段时期，我国水资源开发利用仍面临以下挑战：气候变化影响加大，干旱频发，供水保障能力仍需提高；水资源粗放利用的方式还未得到根本改变，水污染问题突出，水资源节约保护任务十分艰巨；部分地区河湖生态恶化和地下水超采的趋势还未得到有效遏制，水生态环境保护与建设压力加大。

今后一段时期，我国已把严格水资源管理作为加快转变经济发展方式的战略举措，形成有利于水资源节约保护的经济结构、生产方式、消费模式，推动全社会走上生产发展、生活富裕、生态良好的文明发展道路;通过划定水资源开发利用控制、用水效率控制、水功能区限制纳污的“三条红线”,规范和约束水资源开发利用行为,实现以水资源的可持续利用支撑经济社会的可持续发展;全面加强水资源节约工作的发展道路,促进转变用水方式,提高水资源利用效率和效益,到2030年全国用水总量控制在7 000亿m^3以内,万元工业增加值用水量降低到40 m^3以下,农田灌溉水有效利用系数提高到0.6以上,水功能区水质达标率提高到95%以上。

第二节 国内外节水政策对比分析

世界各国水资源及节水管理的政策与法规体系都是根据其自身的国情特点及水资源禀赋情况,在长期的水资源开发利用过程中不断形成和完善的。分析水资源及节水管理先进国家的经验,同我国的情况进行对比分析,对我国建设节水型社会具有借鉴意义。

一、水资源开发利用

美国和澳大利亚对水资源的开发利用都有较长的历史,随着经济的发展,水资源的开发利用也都从简单到复杂,由最初的单目标开发到如今的综合利用。经过大规模的工程开发之后,最终都将水资源的开发利用集中到提高水资源的利用效率,促进有效用水和节约用水方面上来。

我国的水资源开发利用主要经历了如下阶段:改革开放前我国用水总量较大,农业用水比重大,总体利用效率不高;改革开放后用水结构发生重大变化,生活用水和工业用水比例逐步加大;21世纪开始逐步强调生活饮用水的供应和保护以及生态用水份额的适当保留,为防治水污染,提出“节水减污”的口号并采取了相应措施;现在不仅“开始考虑生产、生活、生态用水之间的平衡”,而且从可持续利用的角度提出了节约用水，使有限的水资源发挥更大作用。随着治水新思路的提出，我国逐渐由工程水利向资源水利、可持续发展水利转变，水资源的配置、节约、保护成为水利工作的重中之重。

二、宣传教育

美国和澳大利亚针对用水户进行节水的宣传教育，本着利益驱动的原则，让用水户认识节水所带来的经济利益，并通过宣传教育普及节水知识以及节水产品的操作管理知识，来达到用水户积极节水的目的。各级政府的相关信息都在网上向公众发布，同时对公众公开，对市民的节水知识、态度、技术和行为进行定期调查。公众在各种经济利益的驱动下，能够积极地购买和使用高效用水设备，并且可以通过调查、听证会等形式获得水资源管理中的相关信息，从而可以更有效地参与到节水工作中。

国外的节水宣传教育注重实际与可操作性，用水户通过节水能获得实际的利益，配合奖惩措施，使得节水宣传的效果更佳；我国的节水宣传教育主要以政府行政推动为主，激励与惩罚机制尚不健全。

三、政策法规

美国和澳大利亚联邦层面都没有统一的水法。美国在联邦和州层面分别制定相关法律，形成了体系完善、层次清晰的水法律体系，这些有关水的法律具体规定了监督机构和惩罚措施，是美国水资源有效管理和节水强制执行的重要保证。与美国不同的是，澳大利亚涉及州层面的法律要由联邦和州联合制定，在促进节水方面，澳大利亚联邦与各州联合制定了《有效用水标识和标准法》。以色列与节水有关的法律的特点是以基础法《水法》为核心，制定其他与节水相关的法律，形成水资源管理的法律体系。

美国和澳大利亚政府节水管理中，分联邦和州两个层面进行节水管理，美国政府的主要作用是制定与节水有关的法律，制定节水规划，并通过强制手段保证节水措施的执行。联邦和州政府还通过拨款、赞助等多种方式设立各种基金，以促进节水的有效进行。澳大利亚政府节水工作主要是制定节水有关法律、设立政府基金、进行水务改革以及用水管理。市场的调节也是这两个国家促进节水的主要途径，美国主要通过减免税、农业灌溉高效用水折扣、节水器具翻新折扣、雨水收集系统折扣、节水型水价来促进节水基础设施的建设和节水技术的研究，并促进先进节水器具设备的进一步推广；澳大利亚主要采用税收政策、激励政策以及水价等经济杠杆来促进节水工作的开展。

我国与水资源管理有关的法律法规主要有《中华人民共和国水法》、《中华人民共和国防洪法》、《中华人民共和国水污染防治法》、《中华人民共和国水土保持法》、《中华人民共和国水土保持法实施条例》、《中华人民共和国清洁生产促进法》、《取水许可和水资源费征收管理条例》。但与节水有关的政策法规不完善，在国家层面没有制定详细的节水相关法律。部分省市陆续颁布了一些节水条例或管理办法。

四、非常规水源利用

美国大力提倡用水的再循环和再利用，节约用水效果显著。在雨水收集利用方面，美国有专门的雨水收集系统协会，在得克萨斯州还针对雨水收集系统专门制定了众议院法案，从而进一步促进了雨水收集系统的发展。日本把经过处理的再生水用做工业用水或浇灌树木花草等，大力提倡使用"杂用水"冲厕所、冷却、洗车、街道洒水、浇树木等。所谓"杂用水"，是指下水道再生水与雨水。日本政府十分重视对雨水的利用，积蓄和利用雨水是日本各级政府近年来积极推行的一个有效节水政策。

目前,我国也开始重视这方面工作,在大城市推广污水处理技术,对处理后的污水回收利用,用于冷却循环、冲厕所、卫生以及绿地浇灌等中水系统;建立海水淡化工程;进行雨水收集;扩大非常规水源利用范围。

五、节水设施

节水管理的基础设施建设包括水资源基础工程设施的开发,以及基础设备的安装,如水表的安装、用水审计以及管道的检漏维护和用水基础数据的收集。美国早期对河流进行了全面的开发,因此节水的基础设施建设主要侧重于水表安装与管道的检漏,对用水量进行全面测量,并对用水状况进行详细的数据记录,这样就为用水审计、确定节水源头、制定节水措施提供了参考依据,这也是收取节水型水价的基础。以色列非常注重节水基础设施的建设,花费巨资修建完成节水型国家输水工程,即所谓的"北水南调"工程,将北部相对丰富的水资源输送到南部地区,输水主管道和分管道大部分由加压管道构成,几乎能够覆盖以色列全境。以色列还专门制定了《水计量法》,对安装水表进行了规定,从而有效地促进了节水建设。

我国在节水水表安装以及管道的检漏等基础设备方面近年来有了很大提高,节水基础设施建设正在逐步完善。

六、水价制度

制定合适的水价,可为水的有效利用和节约提供更有力的激励。各国为了激励节约用水行为,对其水价也作了改革,形成激励型水价。可借鉴的具有节水导向的激励型水价体系包括全成本水价、阶梯水价和季节性水价。

全成本水价包含供水系统运作的全部成本,如运营、维护、资产折旧和间接成本等费用。季节性水价是指水价随着水需求量和天气条件而涨落。美国夏威夷瓦胡岛供水公司综合采用均一水价、社会水价、季节性水价等,形成混合模式的价格,如账单水价与均一水价或分段水价的组合。澳大利亚政府正逐渐地依据"全成本回收"原则,以反映用水量和水质的全部经济成本为基础,制定全成本水价,确保水的分配和收费结构能够对提高用水效率产生激励作用。澳大利亚在城市和灌溉用水收费方面也进行了重大改革,以城市用水系统为例,以财产价值为基础的收费被由两部分组成的税制所代替,包括线路费用和单位耗水收费,并取消了免费水量的规定。尽管这种收费系统还经常不足以实现全面的成本回收,但通过刺激用户节水,取消传统系统中的反补贴,改善了水资源配置。

建立合理的水价形成机制,对促进节约和保护水资源、防治水污染具有重要作用。改革开放以来,我国各级政府及有关部门在城市供水价格改革方面做了大量工作,基本上完成了城市供水由福利型向商品型转化的过程。国家出台了一系列以促进节约用水和保护水资源为目标的水价改革政策,但在水价方面仍存在很多问题,部分地区水价仍然偏低,水价计价方式需要进一步改进。

第三节　我国节水型社会建设演变历程

我国节水起源于20世纪50年代末、60年代初,由于城市和工业发展,导致用水紧张,多部门联合提出节约用水的要求。

1959年,建筑工程部召开了全国城市供水会议,提出了提倡节约、反对浪费,开展节约用水的要求。

1973年,原国家建委发布了《关于加强城市节约用水的通知》,首次提出了"实行计划用水,提倡节约用水","实行用水计量,按量收费"等我国城市节约用水的方针。

1980年,国务院发出了《关于节约用水的通知》,召开了"京津用水紧急会议”和25个城市用水会议。

1981年，国务院转批了京津地区用水紧急会议纪要，提出了“解决城市用水既要开源，又要节流；既要解决当前用水问题，又要解决长远用水问题”的城市用水方针。

1984年，根据全国第一次城市节约用水会议精神，国务院颁发了《关于大力开展城市节约用水的通知》。全国城市节约用水工作也随即展开，各级地方人民政府陆续成立了城市节约用水管理机构，组织制定了一系列法规、规章和标准规范，陆续颁布了有关城市节约用水管理办法和城市地下水资源管理办法，初步形成了节水管理制度体系。

1985年，中共中央在《关于制定国民经济第七个五年计划的建议》中明确提出：要把十分注意有效地保护和节约使用水资源作为长期坚持的基本国策。

1986年，建设部、国家计委、财政部颁布了《城市节约用水奖励暂行办法》，明确了节约用水奖励的原则和办法，提出“城市节约用水管理部门应根据国家和地方颁发的有关用水定额，结合当地供水情况，制订年度(季、月)用水计划指标，经同级人民政府批准后，下达执行”，“根据节水量、当地水价和奖金提取比率计算节水奖励金额”，“城市节水管理部门对节水成绩突出的先进单位、集体和个人，可以在年度评比的基础上给予适当奖励。奖励费用由超计划用水加价收费或水资源费中开支。”

1988年，《中华人民共和国水法》制定，明确规定国家实行计划用水，厉行节约用水，各级人民政府应当加强对节约用水的管理，各单位应当采用节约用水的先进技术，降低水的消耗量，提高水的重复利用率。

1988年12月，经国务院批准，建设部颁布了《城市节约用水管理规定》，指出：①城市实行计划用水和节约用水，城市人民政府应当在制定城市供水发展规划的同时，制定节约用水发展规划，并根据节约用水发展规划制订节约用水年度计划。各有关行业行政主管部门应当制定本行业的节约用水发展规划和节约用水年度计划。②超计划用水必须缴纳超计划用水加价水费,具体征收办法由省、自治区、直辖市人民政府制定。

1993 年 8 月,为加强水资源管理,促进水资源合理开发利用,国务院出台了《取水许可制度实施办法》。

1993 年 12 月,建设部发布了《城市地下水开发利用保护管理规定》。

1994 年 7 月,国务院发布了《城市供水条例》。

1996 年 7 月,为加强取水许可制度实施的监督管理,促进计划用水、节约用水,水利部颁布了《取水许可监督管理办法》。

1997 年,国务院颁布了《水利产业政策》,规定各行业、各地区都要贯彻各项用水制度,大力普及节水技术,全面节约各类用水。

1998 年以来,水利部党组在中央水利工作方针的指导下,进行了现代水利、可持续发展水利的探索,治水思路发生了深刻转变,形成了节水型社会建设的理论基础。同时,各地在落实新治水思路中,开展了大量卓有成效的工作,为节水型社会建设提供了实践基础。

2000 年 10 月,中国共产党十五届五中全会通过的《中共中央关于制定国民经济和社会发展第十个五年计划的建议》中提出:"水资源可持续利用是我国经济社会发展的战略问题,核心是提高用水效率,把节水放在突出位置。""大力推行节约用水措施,发展节水型农业、工业和服务业,建立节水型社会"。首次提出建立节水型社会。

2001 年,300 多位专家、院士提交的《中国可持续发展水资源战略研究报告》认为,提高用水效率,建设节水型社会是解决中国水问题的核心。

2002 年 2 月,水利部印发了《关于开展节水型社会建设试点工作指导意见》，指出："为加强水资源管理，提高水的利用效率，建设节水型社会，我部决定开展节水型社会建设试点工作。通过试点建设，取得经验，逐步推广，力争用10年左右的时间，初步建立起我国节水型社会的法律法规、行政管理、经济技术政策和宣传教育体系"，强调了试点工作的重要性。同年3月，甘肃省张掖市被确定为全国第一个节水型社会建设试点。

2002年6月，九届全国人大常委会第二十八次会议通过的《中华人民共和国清洁生产促进法》中对节水产品标志、废水综合利用或循环使用以及优先采取节水产品、节水技术和节水建筑等都有规定。

2002年10月，修订后的《中华人民共和国水法》颁布实施，新水法和原水法相比较，把节约用水放在突出位置，节约用水的条款总共有19条，比原水法增加了15条。新《中华人民共和国水法》规定："国家厉行节约用水"，明确要求"发展节水型工业、农业和服务业，建立节水型社会"，并规定了采取"开源与节流相结合，节流优先"的原则。其核心是提高用水效率，按照总量控制与定额管理相结合的原则，以实施取水许可制度和水资源有偿使用制度为重点，实施一系列的节水管理制度，并明确规定"单位和个人有节约用水的义务"。新《中华人民共和国水法》同时明确了"三同时"原则："新建、扩建、改建建设项目，应当制订节水措施方案，配套建设节水设施"，"节水设施应当与主体工程同时设计、同时施工、同时投产"。这是新中国成立以来，首次从方针、政策、制度以及节水技术等方面对节水型社会建设内容进行了阐述。

2003年3月，中央人口资源环境工作座谈会上，胡锦涛总书记指出：把节水作为一项必须长期坚持的战略方针，把节水工作贯穿于国民经济发展和群众生产生活的全过程。

2003年12月，水利部发布了《关于加强节水型社会建设试点工作的通知》，对我国各地区开展节水型社会建设工作提出五点要求：一是进一步提高对节水型社会建设试点工作的认识；二是学习张掖经验，切实理清思路；三是因地制宜确定试点，积极探索节水型社会建设途径；四是与区域水资源综合规划编制相结合，部署开展节水型社会建设试点工作；五是加强研究，广泛宣传，奠定和营造节水型社会建设试点工作的科学基础与社会氛围。

2004 年 3 月，中央人口资源环境工作座谈会上，胡锦涛总书记明确要求要积极建设节水型社会。

2004 年 3 月，修订通过的《中华人民共和国宪法》第一章（总纲）第十四条规定："国家厉行节约，反对浪费"。这里的节约包括节约用水。第九条还规定："国家保障自然资源的合理利用。禁止任何组织或者个人用任何手段侵占或者破坏自然资源"。这里的自然资源包括水资源。

2005 年 4 月，国家发展和改革委员会、科技部、水利部、建设部、农业部联合组织制订了《中国节水技术政策大纲》，指导节水技术开发和推广应用，推动节水技术进步，提高用水效率和效益，促进水资源的可持续利用。

2005 年 10 月，中国共产党十六届五中全会通过的《中共中央关于制定国民经济和社会发展第十一个五年规划的建议》中，进一步明确提出："把节约资源作为基本国策，发展循环经济，保护生态环境，加快建设资源节约型、环境友好型社会，促进经济发展与人口、资源、环境相协调。"

2006 年 3 月，十届全国人大第四次会议通过了《关于国民经济和社会发展第十一个五年规划纲要》。《关于国民经济和社会发展第十一个五年规划纲要》指出："要把节约资源作为基本国策，发展循环经济，保护生态环境，加快建设资源节约型、环境友好型社会，促进经济发展与人口、资源、环境相协调。"同时，要"发展农业节水"，并"抓好城市节水工作"。

2006 年 4 月，国务院常务会议批准施行《取水许可和水资源费征收管理条例》(国务院令第460号),从取用水环节规定了节约用水的有关内容,并将取水许可制度和水资源有偿使用制度紧密联系起来,对加强水资源管理和保护、促进水资源的节约与合理开发利用起到了至关重要的作用。同一时期,国务院出台的《黄河水量调度条例》,也体现了“节约用水、计划用水”这一原则。

2006年12月,国家发展和改革委员会、水利部、建设部联合印发了节水型社会建设“十一五”规划。随后,各流域机构、各省(区、市)相继制定了节水型社会建设“十一五”规划。

2008年3月,第十一届全国人大第一次会议审议通过了《国务院机构改革方案》。其中水利部负责节约用水工作,拟订节约用水政策,编制节约用水规划,制定有关标准,指导和推动节水型社会建设工作。水利部水资源司(全国节约用水办公室)组织指导计划用水、节约用水工作,指导全国节水型社会建设,组织编制全国节约用水规划,组织拟定区域与行业用水定额并监督实施。

2009年1月,第十一届全国人大第四次会议通过并实施的《中华人民共和国循环经济促进法》,对能源节约尤其是节约用水工作进行了多项具体规定。

2011年1月,中央一号文件《中共中央国务院关于加快水利改革发展的决定》颁布,这是新中国成立以来中共中央首次系统部署水利改革发展全面工作的决定。中央一号文件明确要求“把严格水资源管理作为加快转变经济发展方式的战略举措,注重科学治水、依法治水,突出加强薄弱环节建设,大力发展民生水利,不断深化水利改革,加快建设节水型社会,促进水利可持续发展,努力走出一条中国特色水利现代化道路”。

2011年5月,中央机构编制委员会办公室印发了《关于进一步明确节约用水部门职责分工的通知》,明确要求水利部负责节约用水工作,会同有关部门起草节约用水法律法规、拟订节约用水政策,编制节约用水规划,制定有关标准,指导和推动节水型社会建设,制定用水总量控制、定额管理和计划用水制度并组织实施,指导节水灌溉工程建设与管理,会同有关部门对各地区水资源开发利用、节约保护主要指标的落实情况进行考核,并要求由水利部牵头,会同发展和改革委、住房和城乡建设部等部门建立节约用水工作部际联席会议制度,统筹和协调解决节水工作中的重大问题。

2011 年 7 月,在中央水利工作会议上,胡锦涛总书记强调要把建设节水型社会作为建设资源节约型、环境友好型社会的重要内容,全面强化水资源节约保护工作,形成有利于水资源节约保护的经济结构、生产方式、消费模式,推动全社会走上生产发展、生活富裕、生态良好的文明发展道路。温家宝总理指出,要把节水作为解决我国水问题的战略性和根本性措施,以提高水资源利用效率和可持续利用为核心,努力构建和形成节约用水的制度体系、生产生活方式和社会氛围,在更高起点上推进节水型社会建设。

2012 年 1 月,国务院文件《国务院关于实施最严格水资源管理制度的意见》(国发[2012]3 号)要求:全面加强节约用水管理。各级人民政府要切实履行推进节水型社会建设的责任,把节约用水贯穿于经济社会发展和群众生活生产全过程,建立健全有利于节约用水的体制和机制。

2012 年 1 月,水利部印发了节水型社会建设“十二五”规划,明确了“十二五”时期我国节水型社会建设的目标和任务。

第二章　我国节水型社会建设研究与进展

在中央水利工作方针的指引下，针对我国的特殊水情，水利部等部门进行了节水型社会建设理论与实践的探索，制定并实施了节水型社会建设“十一五”和“十二五”规划，按照《中国节水技术政策大纲》开展技术开发应用与推广工作，与教育部等多部委联合开展节水教育宣传工作，并进行了卓有成效的节水型社会试点建设。

第一节　我国节水型社会建设理论基础

一、科学发展观要求

科学发展观是指导发展的世界观和方法论的集中体现，是推动经济社会发展、加快推进社会主义现代化必须长期坚持的重要指导思想。我们能不能为经济社会可持续发展提供可靠的水资源保障，能不能完成水利发展的目标和任务，关键在于能否把科学发展观贯彻落实到水利各项工作中去，把科学发展观的基本理念与解决水资源问题的具体实践有机结合起来，把人与自然和谐相处的总体要求与治水的自身规律有机结合起来，转变观念，坚持走可持续发展水利之路。

一是从人类向大自然无节制地索取，转变为人与自然和谐相处，实现经济社会的可持续发展。人水关系是人与自然关系的缩影。历史反复证明,人类对水的伤害越大,水对人类的破坏就越大。必须牢固树立人与自然和谐相处的理念,协调好人与水的关系。既要控制洪水,又要给洪水以出路;既要开发利用水资源,又要维护水生态平衡;既要满足当代人对水的需求,又要给子孙后代留下足够的生存和发展空间。

二是从浪费水资源、污染环境的不可持续发展,转变为走资源节约、环境友好的可持续发展。污染和浪费是人类对水资源的伤害,伤害水资源的最终结果是伤害人类自己。流域和区域的水资源承载力与水环境承载力是有限的。竭水而用,超量排污,过度开发,破坏环境,最终不仅要付出巨大的治理成本,经济发展也难以为继。要按照国家建立资源节约型、环境友好型社会的要求,纠正先破坏、后修复,先污染、后治理的错误行为,从"不断地去满足需水要求"的供水管理转变为"实现全面节水,不断地提高用水效率,来达到平衡水的供需矛盾"的需水管理,在发展经济的同时高度重视资源节约和环境保护。

三是要树立以人为本的理念。水资源是人类基本的生存资源,是生产发展的基本条件。发展水利,解决水资源问题,归根结底是为了满足人的需求。在应对水旱等自然灾害和各种突发性事件中,要切实把保障人民群众的生命安全作为首要目标。在水利发展中,把人民群众能够喝上安全放心水作为首要任务,把解决人民群众最关心、最直接、最现实的利益问题作为优先领域,不断提高城乡居民的生活质量,改善人居环境和生产条件,提高水的安全保障程度,为广大人民群众的根本利益提供水资源的支撑和保障。

四是要树立统筹发展的理念。水利涉及经济社会各个方面,必须统筹兼顾,协调发展。要统筹经济社会和水利发展,使得经济社会发展与水资源、水环境相协调。要统筹流域和区域水利发展,维护流域整体利益,促进流域协调发展。要统筹考虑城乡水利发展,构筑城乡协调、各具特色的水利发展体系。要统筹安排生活用水、生产用水和生态用水，在确保生活用水的同时，最大限度地满足其他方面的需要，维护河流健康。

节水型社会建设相关目标在国家规划和主体功能区划中的体现方式层面，缺少一个国民经济和社会发展与节水型社会建设统筹协调的环境。例如，经济结构和产业布局调整的过程中，欠缺对水资源承载能力的考虑。中西部欠发达地区在承接东部地区产业转移的过程中，许多地方没有认识到当地资源环境的特性，在一些水资源短缺和生态环境脆弱地区盲目建设高耗水、重污染的项目，“高消耗、高污染、低效率、低产出”问题突出，破坏了生态环境，加剧了水危机。

另外，有的重大项目也应与节水型社会建设统筹安排。例如，建设节水型社会与南水北调工程相结合。建设节水型社会立足于节流，南水北调立足于开源，是从根本上解决我国水资源短缺和分布不均的战略措施。两者目标完全一致，相互结合统一起来，就能相得益彰。首先，南水北调实现预定的目标，但没有节水型社会作保证，调水的效益难以体现。研究表明，如果不能有效提高北方用水效率和控制污染，将有 25% ~40% 的调水量被浪费。其次，建设节水型社会不能局限于缺水地区，在水资源相对丰富的地区，也应该提倡建设节水型社会。为了全社会实现节约用水，可以依据以下内容进行探讨。

（一）宏观管理

（1）建立健全符合中国实际的水资源管理法规体系。国家对水资源管理的理念、方针、政策和策略应通过法律法规形式予以确定，以保证连续性和稳定性。市场经济是规则经济，各种经济活动也必须依据规则开展，需要通过法规来规范全社会对资源的利用。《中华人民共和国水法》是水资源管理的基本法律依据，还应根据我国经济社会和水利发展实际情况，充分体现中国特色社会主义制度的价值理念，完善水资源管理法规体系。

(2)完善适应市场经济的行政管理体制。目前,在部门分工协作、分级负责、流域管理和区域管理相结合的管理体制基础上,探索建立统一、精干、高效,充分发挥社会管理和公共服务职能作用的水资源行政管理体制。管理机制应体现科学、民主和依法执政的执政能力建设要求,形成政府有效调控、市场正确引导、社会适度参与的水资源管理决策和执行体系,以利于节约管理资源和提高执行效率;充分整合已经存在的各种信息,减少冗余的信息分析论证工作,减少虚假信息对决策的干扰,以利于降低决策成本和提高决策质量;应根据行政功能构建执行体系,在信息化高度发达的时代,高效率行政的关键是减少执行体系中间层次和决策执行环节,提高执行体系的整体协调性。

(3)加强政府对水资源的宏观管理。水资源特有属性和市场经济对资源配置方式决定了政府对水资源管理应以宏观管理为主,宏观管理的重点是水资源供求管理和水资源保护管理。在水资源配置、开发、利用和保护等环节,围绕处理水资源供给与需求、开发和保护的关系,以及处理由此而产生的人们之间的关系,成为水资源管理的永恒主题。以水资源可持续利用支撑经济社会可持续发展,保障国家发展战略目标的实现,这是水资源管理的根本任务。实现经济效益、社会效益和环境效益高度协调统一的水资源优化配置是管理的最高目标。

为保证水资源可持续利用和促进水资源优化配置,在国家发展不同时期和水资源利用不同阶段,水资源供求管理和水资源保护管理侧重点是变化的。水资源开发和保护、供给和需求是现代水利发展中的基本矛盾,涉及人与自然的关系和人们之间的关系。当人们改造自然界的活动处于水资源承载能力和水环境承载能力范围之内时,水资源开发和供给是人们关注的重点,即满足需求是主要矛盾;一旦开发利用达到两个承载能力或其中之一,矛盾就会发生转化,水资源需求和保护就成为矛盾的主要方面,控制需求成为主要矛盾。对水资源管理的理念、方针、政策和策略都要随着矛盾性质的改变而调整，节水型社会建设就成为关键的战略举措。

（4）改善政府利用水资源配置对经济发展的宏观管理。水资源是具有流域整体属性的稀缺资源，其配置影响区域间的利益协调，也影响行业间的利益分配。水资源管理应统筹兼顾效率和公平，既要政府宏观调控又要充分发挥市场基础性作用，二者形成有机互补的关系。

目前，经济社会发展需求与水资源承载能力、水环境承载能力的矛盾突出，已经成为我国经济社会发展的关键制约因素，尤其是对传统的重化工业发展影响最为突出。各级政府及其水行政主管部门应积极采取措施，大力推动节水型社会建设。

（二）工作机制

（1）完善水资源高效利用激励机制。我国水资源有偿使用制度尚不健全，尚未建立水资源价值核算体系，市场在水资源配置中的基础作用未得到充分发挥，无偿使用水资源、浪费水资源严重；一些地区合理的水价形成机制尚未形成，供水水价和再生水的价格严重背离价值，难以调节用水行为；水资源开发利用主体缺乏节约保护资源的内在动力和激励机制，造成在缺水的同时用水浪费严重。缺乏推广应用节水产品（设备）的激励政策。

（2）拓展建设节水型社会的融资渠道。资金投入是建设节水型社会的关键。以节水型社会建设试点为例，建设节水型社会，中央为地方负担了制度变迁的很大部分成本，这是一场中央援助，地方为主导的强制性制度变迁，为此中央财政投入发挥了根本性作用。全面推广建设节水型社会，资金问题必将凸现。所以，建设节水型社会融资渠道的研究是基础性的课题之一，要考虑建立资金投入长效机制。

（三）经济管理

为合理、充分利用水资源，应采取经济措施管理水资源，把水资源使用中的经济效益、社会效益、环境效益与企业和社会公众的行为有机结合起来。水权制度、水市场规则、水价形成机制、水资源开发经营许可制度是经济管理的主要手段。

(1)水权制度。根据市场经济的资源权属和优化配置理论,明晰的水资源使用权是发挥市场基础性作用、优化配置水资源的前提条件。按照现行《中华人民共和国水法》,水资源属于国家所有,实行分级管理。因此,我国水权制度是涉及水资源管理权、开发经营权、使用权和排污权的制度体系。建立符合我国特点的水权制度,管理权界定、开发经营权许可与使用权和排污权明晰同等重要。开发经营权是管理权和使用权转换的中间环节,管理权限不清就无法决定由哪一级政府负责明晰具体的使用权,并引起开发经营权授予混乱,导致使用权的不完整和用水无序问题。排污权是利用经济手段保护水资源的重要措施。由于国家经济体制处于转型和完善过程中,水资源使用存在历史延续,因此水权制度建设应整体进行。

(2)水市场规则。由于水资源流动和变化不固定等自然属性,即使在水权制度不完善阶段,地域性和随机性的水市场也会存在。水权制度为水市场奠定基础,水市场推动水权制度完善,二者是交叉作用和相辅相成发展的。水市场不是完全自由竞争的市场,对进行交易的用水类型应受政府宏观控制,只能是准市场。应建立水市场准入规则,市场准入规则是对生产用水类型的政策约束。为实现水资源优化配置,利用经济手段协调区域之间的利益关系,水市场也应包括区域水资源管理权出让和水资源开发经营权转让。水资源管理权出让和水资源开发经营权转让要有相对稳定的期限,生产用水的使用权、排污权转让可划分为长期转让、中期转让和临时转让等多种形式。为推动节约用水和保护水环境,维持水市场有序运行和公平交易,交易规则可作为政府对水资源利用的政策导向。在水市场交易规则中应对不同转让类型和不同转让形式设定具体的政策限制；在遵循价值规律和供求规律的基础上，应针对不同类型交易制定价格形成原则。

(3)水价形成机制。水价形成机制是促进节约用水和保护消费者利益的关键因素，也是经济管理措施的核心内容。由于用水性质的多样性，使得水价形成机制具有复杂性。水价管理在遵循价值规律和供求规律的同时，应将具有公共利益特征的用水和经济发展用水区别对待。当前，我国许多地区都在研究和探索水价形成机制，并取得了成功经验，主要是规定符合国情的水资源使用费和累进式水价确定原则。

水资源使用费是将水资源使用中外部成本内部化的最有效形式，政府应采用作为对水资源使用的经济政策导向，通过设定不同的收费标准，鼓励、限制和约束水资源使用类型。将水资源使用费作为财政专项收入，由中央和地方政府通过财政预算用于水资源保护和公益性水资源开发及其管理等特定项目。

(四)技术管理

技术管理工作主要是建立具有时代特点的规程规范体系、水资源规划体系、采用先进信息技术的水资源监测体系。

(1)规程规范体系。规程规范是水资源管理的技术法规，是科学决策的技术依据，是下述其他技术管理体系的技术遵循。水资源管理与其他水利管理密不可分，涉及技术、经济、生态、环境以及社会科学各领域，是综合性管理。为了保证水资源配置、开发、利用和保护等工作规范化开展，程序化管理，需要用规程规范来协调和统一各种涉水技术活动。不同环节和各个阶段技术工作要依据相应规程规范进行，并依据规程规范对技术成果进行评价和审查。在经济社会发展的不同阶段，在不同的经济体制中，水资源管理的理念、方式和方法是与时俱进的；随着人们对客观事物认识能力的提高和对客观规律认识的深化，技术工作也必须不断调整和完善。当前应按照资源水利，即可持续发展水利的要求修订和完善规程规范体系。

（2）水资源规划体系。水资源规划体系是由流域和区域综合规划、专业规划、专项规划和专题研究等组成的规划体系，是科学管理的基础，也是依法管理水资源的重要依据。综合规划的基本任务是评价流域或区域内水资源开发利用状况，研究分析流域或区域自然条件及特点，评价水资源承载能力和水环境承载能力，预测经济社会发展趋势和用水前景，按照科学发展观要求，研究流域或区域内水资源配置、开发、节约、保护和宏观经济社会活动之间的关系，拟定不同发展阶段在流域或区域采取的解决供需矛盾的各种措施，以及实施步骤和水资源管理的意见与建议等。

（3）水资源监测体系。监测体系是水资源管理的基础设施，也是现代化管理的必备物质条件，是实行行政管理手段和经济管理手段的保证。水资源变化状态监控、水资源即时调度、水资源利用量和水市场交易量测都需要有监测体系实施检测。监测体系由信息采集系统、信息传输系统、信息分析处理系统、决策支持系统及其相应硬件设备组成。监测体系要与水系相对应，覆盖所有计量断面、各种需要监测的取水口和排水口。

我们要从战略高度认识建设节水型社会的重大意义，在国家现有的战略框架下，研究节水型社会建设与落实科学发展观，构建资源节约型、环境友好型社会，构建社会主义和谐社会和全面建设小康社会之间的相互关系。建设节水型社会，提高水资源的利用效率和效益，符合科学发展观人与自然和谐相处的要求，有利于实现经济发展和人口、资源、环境相协调。努力建设节水型社会，实现水资源的可持续利用，妥善处理节水型社会建设和区域经济发展的关系，在发展中节水，在节水中实现经济、社会和人的全面协调发展。

二、水行政主管部门定位

大力实施节水战略、全面建设节水型社会是解决中国缺水问题和减少废污水排放的根本出路，是全面建设小康社会、实现科学发展观的重要支撑。根据国务院“三定”方案和部门职责分工，各级水行政主管部门作为节约用水的管理部门，应该是节水型社会建设的推动者、参与者、协调者和智囊库。

（一）推动者

节水型社会建设是一项复杂的系统工程，必须大力推动，统筹规划，因地制宜，分步实施，才能确保健康有序发展，保持连续性和稳定性。进行节水型社会建设，推动做好规划是关键，而这个规划的编制者则是当地的水行政主管部门。作为政府的职能部门，水行政主管部门组织编制节水型社会建设规划既有专业优势，又是其职责所在。正是水行政主管部门在深入调查研究的基础上，根据水资源开发利用现状与未来国民经济发展趋势及城市发展定位，提出了节水型社会近期和远期不同建设目标，并从水资源管理体系改革、用水总量控制和定额管理机制建设、水权分配和水市场管理制度建立、水价体系建设、政策法律法规及执法队伍建设、用水管理机制建设、节水措施、环境与生态用水节水、非常规水利用、水信息化管理及服务体系建设、公众参与、计划进度、保障措施等方面进行了详尽规划，形成了节水型社会建设的宏伟蓝图，推动了节水型社会建设能够有条不紊地进行。既避免了各个行政区域各行其是，又克服了一哄而起的盲目性和不切实际的主观随意性。

（二）参与者

在节水型社会建设进程中，水行政主管部门的主力军作用是显而易见的。编制节水型社会建设规划、拟定节水型社会建设实施方案、构筑水资源管理体系（包括建立制度保障、明晰各级水权、实行涉水事务一体化管理、建立合理的水价形成机制、培育水市场、建立多部门协商机制、建立各级用水者协会、建立水利信息社会公布制度等），形成与水资源优化配置相适应的水利工程体系、完善与水资源承载力相适应的经济结构体系、健全与区域水资源形式相适应的用水与节水意识形态、进行节水型社会宣传工作以及节水型社会建设日常管理工作,这些不仅是节水型社会建设的主要内容,也是水行政主管部门义不容辞的责任。水行政主管部门在节水型社会的建设中不仅是参与者,更是起到决定性作用的引导者。

(三)协调者

节水型社会建设是一项量大、面广、性质复杂的工作,不是水行政主管部门一家就可以完成的,只有形成政府主导,水行政主管部门承办、各部门密切协作、全社会支持、用水户积极配合的工作格局,才能形成推进各项工作的合理,确保节水型社会试点建设顺利进行。在这种工作格局下,水行政主管部门的协调作用显得尤为突出。只有通过水行政主管部门的大力协调,政府与各部门之间、政府与社会之间、政府与市场之间才能实现良性互动,促进节水型社会建设。因此,水行政主管部门要起到润滑剂的作用,协调好各利益主体间的相互关系。

(四)智囊库

节水型社会的建立,固然需要各级政府发挥主导作用,但水行政主管部门的重要性也不容忽视。在节水型社会建设过程中,水行政主管部门需要提供基础数据供政府领导了解情况,需要拟订实施方案供政府领导分配任务,需要草拟各种制度和规范性文件供政府颁布实施,需要对出现的各种问题提出意见供政府领导参考,需要对节水型社会建设进行阶段性总结并对下一阶段工作提早谋划以使政府领导科学决策等。水行政主管部门的参谋作用是不言而喻的,应当发挥好提供政策建议的作用。

建设节水型社会是一场深刻的社会变革,成功的关键是政府的转型。从传统用水粗放型社会走向现代节水型社会,要求政府运作方式经历"四个转变"。第一,从分割管理转向统一管理。从对水量、水质分割管理以及对水的供、用、排、回收再利用过程的多部门管理转变为对水资源的统一调度和统一管理。第二,从工程建管转向宏观调控。水公共部门要政企分开、政社分开,转变政府职能,从主要兴建、管理工程转向提供公共物品和公共服务。第三,从排斥市场转向市场友好。要在经营性领域打破垄断,全面开放市场,建立利用市场促进用水效率提高和社会资金投入的新机制。第四,从封闭决策转向参与透明。要在水资源管理的各个环节全面贯彻公开透明、广泛参与和民主决策的原则。

三、节水型社会建设内涵

节水型社会是一种社会行态,以提高水资源的利用效率和效益为中心,在全社会建立起节水的管理体制和以经济手段为主的节水运行机制,在水资源开发利用的各个环节上,实现对水资源的配置、节约和保护,最终实现以水资源的可持续利用支持社会经济可持续发展。

节水型社会是水资源集约高效利用、经济社会快速发展、人与自然和谐相处的社会,它的根本标志是人与自然和谐相处,它体现了人类发展的现代理念,代表着高度的社会文明。通过建设节水型社会,能使水资源利用效率得到提高,生态环境得到改善,可持续发展能力得到增强,促进经济、社会、环境协调发展,推动整个社会走上生产发展、生活富裕、生态良好的文明发展道路。

节水型社会是资源节约型和环境友好型社会的重要内容,是一个不断发展的社会,其内涵也在不断发展。目前阶段内涵是:水资源统一管理和协调顺畅的节水管理体制,政府主导、市场参与、公众全面参与的机制,健全的节水法规与监管体系;是“节水体系完整、制度完善、设施完备、节水自律、监管有效、水资源高效利用,产业结构与水资源条件基本适应,经济社会发展与水资源相协调的社会”。

节水型社会建设的内涵应包括相互联系的四个方面,即从水资源的开发利用方式上，节水型社会是把水资源的粗放式开发利用转变为集约型、效益型开发利用的社会，是一种资源消耗低、利用效率高的社会运行状态；在管理体制和运行机制上，涵盖明晰水权、统一管理，建立政府宏观调控、流域民主协商、准市场运作和用水户参与管理的运行模式；从社会产业结构转型上看，节水型社会又涉及节水型农业、节水型工业、节水型城市、节水型服务业等具体内容，是由一系列相关产业组成的社会产业体系；从社会组织单位看，节水型社会又涵盖节水型家庭、节水型社区、节水型企业、节水型灌区、节水型城市等组织单位，是由社会基本单位组成的社会网络体系。

节水型社会建设是一个平台，通过这个平台来探索和实现新时期水利工作从工程水利向资源水利的根本性转变，探索和实现新时期治水思路和治水理念的大跨越，探索和实现从传统粗放型用水向提高用水效益和效率转变，探索和实践人水和谐、人与自然和谐的新方法。建设节水型社会是经济社会发展到一定阶段的必然要求，是建设资源节约型和环境友好型社会的重要组成部分。加快建设节水型社会是促进经济发展方式转变，实现经济社会可持续发展的重要举措。

节水型社会和通常讲的节水，既互相联系又有很大区别。无论是传统的节水，还是节水型社会建设，都是为了提高水资源的利用效率和效益，这是它们的共同点。但要看到，传统的节水更偏重于节水的工程、设施、器具和技术等措施，偏重于发展节水生产力，主要通过行政手段来推动。而节水型社会的节水，主要通过制度建设，注重对生产关系的变革，形成以经济手段为主的节水机制。通过生产关系的变革进一步推动经济增长方式的转变，推动整个社会走上资源节约和环境友好的道路。

节水型社会建设的核心就是通过体制创新和制度建设，建立起以水资源总量控制与定额管理为核心的水资源管理体系、与水资源承载能力相协调的经济结构体系、与水资源优化配置和高效利用相适应的工程技术体系以及自觉节水的社会行为规范体系；切实转变全社会对水资源的粗放利用方式，促进人与水和谐相处，改善生态环境，实现水资源可持续利用，保障国民经济和社会的可持续发展。

（一）建立健全节水型社会制度管理体系

完善促进节约用水的法律法规体系，通过制度建设规范用水行为。开展流域管理体制改革试点，完善流域管理与区域管理相结合的水资源管理体制。研究提出水资源宏观分配指标和微观取水定额指标，推进国家水权制度建设，全面实行区域用水总量控制与定额管理。严格取、用、排水的全过程管理，实行源头控制与末端控制相结合的管理；强化取水许可和水资源有偿使用；全面推进计划用水，加强用水计量与监督管理；加强水功能区和退排水管理，建立健全节水型社会管理体系。

完善节水激励政策。发挥市场机制在资源配置中的基础性作用，利用经济杠杆对用水需求进行调节，注重运用价格、财税、金融等手段促进水资源的节约和高效利用，实现水资源的合理配置。扩大水资源费征收范围、提高水资源费征收标准；稳步推进水价改革，建立合理的水价形成机制，形成“超用加价，节约奖励”的机制，促进节约用水，保护水资源。

（二）建立与水资源承载能力相协调的经济结构体系

落实节约资源和保护环境的基本国策，逐步建立与水资源承载能力和水环境承载能力相适应的国民经济体系。建立自律式发展的节水机制，在产业布局和城镇发展中充分考虑水资源条件；控制用水总量，转变用水方式，提高用水效率，减少废污水排放，降低经济社会发展对水资源的过度消耗和对水环境与生态的破坏。

对水资源短缺地区要实行严格的总量控制，控制需求的过快增长，通过节约用水和提高水的循环利用，满足经济社会发展的需要。现状水资源开发利用挤占生态环境用水的地区，要通过节约使用和优化配置水资源，逐步退减经济发展挤占生态环境的水量，修复和保护河流生态与地下水生态；对于水资源丰富地区，要按照提高水资源利用效益的要求，严格用水定额，控制不合理的需求，通过节水减少排污量，保护水环境；在生态环境脆弱地区，要按照保护优先、有限开发、有序开发的原则，加强对生态环境的保护，严禁浪费资源、破坏生态环境的开发行为。

（三）完善水资源高效利用的工程技术体系

加大对现有水资源利用设施的配套与节水改造，推广使用高效用水设施和技术，完善水资源高效利用工程技术体系，逐步建立设施齐备、配套完善、调控自如、配置合理、利用高效的水资源安全保障体系，保障经济社会可持续发展。通过工程措施合理调配水资源，发挥水资源的综合效益；对地表水与地下水，本地水与外调水，新鲜水和再生水进行联合调配。通过采取调整用水结构、提高地下水水资源费征收标准等多种调控手段，促进水资源配置结构趋于合理，逐步控制地下水超采。

加大力度推进大中型灌区的续建配套和节水改造，加强小型农田水利基础设施建设，完善灌溉用水计量设施。因地制宜，在有条件的地区积极采取集雨补灌、保墒固土、生物节水、保护性耕作等措施，大力发展旱作节水农业和生态农业。加快对高用水行业的节水技术改造，采用先进的节水技术、工艺和设备，提高工业用水的重复利用率，逐步淘汰技术落后、耗水量高的工艺、设备和产品。新建、扩建、改建建设项目应按照要求配套建设节水设施，并与主体工程同时设计、同时施工、同时投产。加快对跑、冒、滴、漏严重的城市供水管网的技术改造，降低管网漏失率；提高城市污水处理率，完善再生水利用的设施和政策，鼓励使用再生水，扩大再生水利用规模；加强城镇公共建筑和住宅节水设施建设，普及节水器具，推广中水设施建设。

(四)建立自觉节水的社会行为规范体系

建设节水型社会是全社会的共同责任,需要动员全社会的力量积极参与。加强宣传教育,营造氛围,充分利用各种媒体,大力宣传我国的水资源和水环境形势以及建设节水型社会的重要性,宣传资源节约型、环境友好型社会建设的发展战略,节约用水的方针、政策、法规和科学知识等,使每一个公民逐步形成节约用水的意识,养成良好的用水习惯。强化节水的自我约束和社会约束,建设与节水型社会相符合的节水文化,倡导文明的生产和消费方式,逐步形成"浪费水可耻、节约水光荣"的社会风尚,建立自觉节水的社会行为规范体系。

要逐步建立和完善群众参与节水型社会建设的制度。通过建立机制、积极引导,鼓励成立各类用水者协会,参与水量分配、用水管理、用水计量和监督等工作;要规范用水户管理制度,形成民主选举、民主决策、民主管理、民主监督的工作机制。

四、节水管理制度

节水管理制度是指以用水环节为重点,贯穿于取、用、排水资源社会循环过程,以提高水资源配置利用效率和效益为目的的各种制度的总称。其基本内涵是:第一,节水管理制度以提高水资源利用效率和效益为目的;第二,节水管理制度以建立覆盖取水、供水、用水、耗水、排水等各环节的全过程管理制度为重点;第三,节水管理制度是涵盖各个过程、各种类型和各个层次节水管理的完整制度体系;第四,节水管理制度是节水型社会建设的重要保障。

节水管理和水资源管理之间存在密切关系,作为管理规则的节水管理制度和水资源管理制度之间也存在很紧密的联系,两者的目的和侧重点有所区别。节水管理制度是以规范用水为目的的节水制度。水资源管理制度是以规范水资源配置管理,促进经济社会发展与节水要求相适应为目的的节水制度。前者是狭义节水或直接节水，后者为广义节水或政策节水。节水管理制度和水资源管理制度之间的关系主要包括以下三个方面。

(1)水资源管理制度是水资源全过程管理规范，而节水管理制度主要侧重于强化用水过程管理。

水资源管理制度是对全社会水资源开发利用的水资源配置、取水、利用、节约、保护、水环境整治等全过程进行规范和管理，提出社会公众必须遵守的行为准则。如《中华人民共和国水法》第七条规定，国家对水资源管理实行取水许可制度和有偿使用制度(取水许可的许可量按多年平均水资源可用量计算)。第四十七条规定，国家对用水实行总量控制(总量控制的用水量按多年平均水资源量可用量计算)和定额(是指水资源配置的可用量额定数量)管理相结合的制度。第四十九条规定用水实行计量和超额累进加价制度。

节水管理制度主要侧重于强化全社会用水过程的管理，杜绝浪费，提高用水效率与效益，与《中华人民共和国水法》规定的"国家对水资源管理实施取水许可制度"；"国家对用水实行总量控制和定额管理相结合的制度"；"用水实行计量收费和超定额累进加价制度"等项管理制度的作用是相得益彰、殊途同归的，最终目标都是为了实现水资源可持续利用，保障经济社会可持续发展。节水管理制度是水资源管理制度体系的重要组成部分。

(2)水资源管理制度是由一系列相互联系的不同方面的制度组成的，而节水管理制度是水资源管理制度框架的一个组成部分。

水资源管理制度包括水资源规划制度、取水许可制度、有偿使用制度、总量控制制度和定额管理制度、计量收费和超定额累进加价制度、用水项目管理制度、用水管理的组织制度等。从不同的维度进行考虑，水资源管理制度有不同的分类。如从制度规范的内容来分，水资源管理制度主要包括三方面的内容，即产权制度、定价制度、用水组织制度，其中产权制度是基础；从对水资源循环过程的不同环节来分，水资源管理制度可以分为供水管理制度、用水管理制度、排放和回用管理制度；从管理制度层面来分，水资源管理制度包括法律层面、政策层面和行政层面三个层面的制度；从水资源管理的目标来分，包括节水管理制度、水资源保护制度、水资源配置效率和公平管理制度等。

节水管理制度是水资源管理制度的有机构成部分，作为水资源制度框架的组成部分，节水管理的制度设计要遵循水资源管理的最终目标，节水管理制度内容不能与水资源管理总的宗旨及原则相违背和冲突。

(3)节水管理制度是水资源管理制度的重要内容。

水资源管理制度是通过对人们在水资源循环中的活动进行一定的制度安排，从而实现水资源的可持续利用，而这一目标实现的同时包含两个方面的内容，一是水量上，二是水质上。节水是水资源管理的重要旨意，内含在于水循环所有环节的管理当中。因此，节水管理制度在水资源管理制度中占有重要的、关键的地位，水资源管理制度含有大量节水管理方面的内容。节水管理制度的建设和完善有助于整个水资源管理制度的完善。

五、行业节水理论分析

节水型社会的行业节水要通过水资源综合管理手段，约束和规范社会水循环系统的循环方式，以减少无效损失、提高水资源重复利用率，减少社会水循环系统的取水量与排放量，从而减少自然水循环和社会水循环之间的通量，保持自然水循环系统的健康循环能力。

经济发展水平、产业结构与布局、城镇化进程、技术进步、社会制度安排、决策者和公众意识等都对社会侧支水循环的循环通量、循环方式以及循环路径产生作用，导致社会侧支水循环系统的层次结构及其嵌套关系日趋复杂。这种复杂性还体现在其循环路径的延展性和循环回路的增加数上,并在社会水循环系统内部,衍生了多个闭路循环的子系统,这些子系统的功能和特征与用水主体及其特性密不可分。根据用水主体类型分为农业水循环系统、工业水循环系统、第三产业水循环系统、生活水循环系统等。

节水型社会载体建设正是与社会水循环微观子系统一一对应的。节水型灌区、节水型企业、节水型社区、节水型机关、节水型学校等各类载体的建设,形成具有高度用水文明的社会单元,是将节水型社会建设这一宏观国家或群体意志分解为微观个体实践行为的必然途径,是实现节水型社会建设目标的落脚点。

(一)农业水循环系统及其节水原理

农业水循环系统由于水质要求较低,水源具有多样性,水循环通量大且分布广泛;由于作物生育期不同阶段水资源需求不同,同时受区域降雨等气候条件影响大,农业灌溉用水需求量不确定性强;水质要求较低,水源相对丰富,用水总量大,用水分布广,但农业用水效率和效益较低,耗水量大。同时,近年来受其他经济用水的挤占严重,加之供水工程不足,供水保证率不高,增加了计划用水管理实施难度。针对农业水循环系统的特点,农业节水的主要途径是通过种植结构调整、种植制度与灌溉制度优化,增加天然降雨的直接利用量,减少农业种植对灌溉用水的依赖性。其中,种植结构调整包括作物种植种类调整和低耗水品种选用;种植制度优化包括错季适应栽培、秸秆或薄膜覆盖栽培等;灌溉制度优化包括人工补充灌溉时机选取、节水灌溉方式采用以及水分适度亏缺灌溉等。

(二)工业水循环系统及其节水原理

工业用水主要来自人工取用的地表、地下径流性水资源,由于在各类用水竞争中处于优势,因此受区域自然和外部环境的影响相对较小;工业对水质要求跨度大,工艺用水对水质要求高,间接冷却水对水质要求较低;由于水的作用原理不同,耗水率差异很大，生产用水耗水率最高；相对于其他类型用水，工业废水中的污染物复杂，包括固体污染物、需氧污染物、油类污染物、有毒污染物、生物污染物、酸碱污染物、营养性污染物、感染污染物和热污染等，因此工业废污水排放控制是减少点源污染的关键。工业企业、产品类型繁多，生产过程复杂，即使是同样产品，也存在多种的生产工艺，因此工业水循环系统循环路径与过程十分复杂，增加了工业节水管理的难度。

工业节水主要立足于三个方面：一是基于工业用水效率效益行业差异显著的特点，在遵循经济发展规律的基础上，进行工业产业结构调整和升级，建立与资源禀赋条件相适应的工业经济结构，建立促进宏观节水；二是进行工业用水全过程管理，加大节水工程建设，推广节水生产工艺，促进微观节水；三是针对工业用水有明确责任主体的优势，建立严格的用水管理制度，为用水、排水提供政策约束。工业用水管理与调控除要以总量控制和定额管理为核心，大力推进水管理基本制度和配套制度建设，完善水资源管理的制度体系外，还要依据各类型区的水资源管理特点和工业用水调控模式，建立与之相适应的用水管理机制，分区划定工业用水管理红线。针对工业用水管理，除遵循水资源管理各项统一基本制度外，要特别注重计划用水管理制度、计量与监测制度和企业用水考核制度等。

（三）第三产业水循环系统及其节水原理

第三产业包括机关、宾馆、学校等用水类别。第三产业水循环系统与人民群众的日常生活密切相关，其所包含的行业在用水构成上存在着一定的共性；第三产业用水行为在整体上具有共性的同时，各行业用水行为的构成形式仍存在一定的差别。这主要源自不同行业所提供的服务差异较大。随着行业的变化，人员用水、设备用水及其特色用水量所占比重发生变化。第三产业可按行业性质分为非赢利性行业和赢利性行业，前者包括机关、学校、医院、科研及公共场所等行业，后者则包括商业、餐饮、饭店等行业。第三产业这种服务性的产业性质决定了其增加值产出与用水量之间的关系不如农业和工业直接和密切，这就使得第三产业的用水经济效益能够显著高于其他产业。第三产业用水区别于其他行业用水最突出的特点是实际用水主体与水费承担主体分离。

第三产业节水，除注重器具、技术和工艺节水外，重点要加强对"人"用水方式的调控，将高端消费性用水作为节水管理重点，创新内部主体责任和义务挂钩、外部主体消费与支出统一的调控途径。针对第三产业具有用水户众多、用水分散、用水过程波动性较大的特点，要从用水行业角度进行用水节水的系统规范，同时着力完善政策激励、价格调控等机制，发挥市场经济调节作用；提高宣传、教育和监督的有效性，调动用水主体的节水意识和积极性。

（四）生活水循环系统及其节水原理

生活水循环系统通常量较小，但具有较高的优先权。通常，从生活水循环与自然水循环的衔接看，生活用水大部分来自径流，耗水量小，大部分回归到径流中。生活用水结构和基本用水量较为稳定，在回归自然的过程中，带入了一定数量的污染物。由于生活废污水污染物种类繁多，且相对于其他优质废污水来讲，其污水处理工艺较为烦琐，生活用水的节水对降低水体污染具有重要意义。

生活用水节水主要突出在三个方面：一是大力提高公众节水意识。生活用水计量基本以户为单位，用水量分散，每户人口数差异性大，难以采用统一硬性标准进行管理。因此，公众节水意识提高，自发节水是生活节水的关键。二是完善计量统计，实行分质供水，用分质阶梯式水价进行经济调控。三是系统建设废污水回收处理系统，针对主要污染物设定排放标准。

六、节约用水基本途径

节约用水包括工程节水和非工程节水两大类。工程节水是指通过各类节水工程实施节水,包括农业节水工程、工业节水工程、生活节水工程以及非常规水源利用。非工程节水包括产业结构调整节水和管理节水。

(一)工程节水

所谓工程节水,就是用水户通过对用水系统和排水系统进行工程改造,使其达到节约用水的目的。对用水系统进行的改造是根据工业生产中各用水环节对水质的不同要求,将某些用水环节的排水直接或适当处理后作为另一些用水环节的供水,使水得以重复利用的一种节水方式,主要有两种:循序用水和循环用水。对排水系统进行的改造主要是指通过对排放的废水进行深度处理回用而实现节约用水。

1. 循序用水

循序用水系统也称为复用用水系统、串联用水系统,是根据工业生产中各用水环节对水质的不同要求,将某些用水环节的排水直接或适当处理后作为另一些用水环节的供水,使水得以顺序重复利用的一种供水方式。这种节水的方法一般只要对工业生产中各用水环节的水量、水质情况进行调查分析,加以统筹考虑,在加强管理的基础上,一般是不难做到的。

在工业生产中,重复用水主要体现为一水多用与污水回用。一水多用是将水源先送到某些车间,使用后或直接送到其他车间,或经冷却、沉淀等适当处理后,再送到其他车间使用,然后排出。例如,可以先将清水作为冷却水用,然后送入水处理站,经软化或除盐后作锅炉供水用。也可将冷却水多次利用后作洗涤、洗澡用。工业企业中有些环节出来的水质较差,如果经过适当的处理,往往可以回用或降级用于其他环节,以达到节水的目的。

2. 冷却水循环利用

在工业生产中,需要冷却的设备差别很大,归纳起来有以下类型:冷凝器和热交换器,电机和空压机,高炉、炼钢炉、轧钢机和化学反应器等，用水来冷却这些设备的系统称为冷却用水系统。许多工业生产中都直接或间接使用水作为冷却介质，因为水具有使用方便、热容量大、便于管道输送和化学稳定性好等优点。

间接冷却水在生产过程中作为热量的载体，不与被冷却的物料直接接触，使用后一般除水温升高外，较少受污染，不需要较复杂的净化处理或者无需净化处理，经冷却降温后即可重新使用。

冷却用直流水是指换热器或机泵等设备直接用新鲜水来冷却，且用后即排放的情况。直流冷却水系统的优点是设备简单，不需要冷却构筑物，操作比较方便，一次投资少；缺点是消耗水量大，且携带的大量热量会造成受纳水体的热污染，所以只有在水源极其丰富的地区或用水量极小的系统才能采用。冷却用直流水状况造成了水的浪费，不仅增加了企业的新鲜水用量以及污水排放量，而且会造成热污染。为了节约水资源、减少对环境水域的污染，这种系统在国外已被淘汰，国内虽有一些中、小型企业仍在使用，但随着国内各项节水政策的制定和实施，也将逐渐被循环冷却水系统所代替。

3. 废污水利用

废污水利用是指将工业生产过程中产生的废污水经处理后再用于工厂内部，以及工业用水的循序使用、循环使用等。废污水利用分为间接利用、直接利用、再生利用和再生循环利用四种类型。

间接利用是指水经过一次或多次使用后成为工业废污水，经处理后排入天然水体，经水体缓冲、自然净化，包括较长时间的储存、沉淀、稀释、日光照射、曝气、生物降解、热作用等，再次使用。

直接利用是指从某个用水单元出来的废污水直接用于其他用水单元而不影响其操作，又称为水的优化分配。一般来说，从一个用水单元出来的废污水如果在浓度、腐蚀性等方面满足另一个单元的进口要求，则可为其所用，从而达到节约新鲜水的目的。这种废污水的重复利用是节水工作的主要着眼点，其中最具节水潜力的是利用工业冷却水。相对于其他节水方法来说，废污水的直接利用通常所需的投资和运行费用较少，因此是应该首先考虑的节水方法，而且在考虑废污水的再生利用和再生循环之前，应先考虑废污水的直接利用。

直接利用与间接利用的主要区别在于，间接利用中包括了天然水体的缓冲与净化作用，而直接利用则没有任何天然净化作用。选择直接利用还是间接利用，取决于技术因素和非技术因素。技术因素包括水质标准、处理技术、可靠性、基建投资和运行费用等，非技术因素包括市场需要、公众的接受程度和法律约束等。

废污水再生利用是指从某个用水单元出来的废污水经处理后用于其他用水单元。在采用废污水再生利用方法时，由于再生利用后的废污水将被排掉，所以与再生循环相比，不会产生杂质的积累，在这一点上，废污水的再生利用优于再生循环。但是，再生利用时，使用再生水的用水单元接收的是来自其他操作的废污水，虽然经过了再生，但其他单元所排出的一些微量杂质可能未在再生单元中去除掉而带入到该单元，有可能影响该单元的操作，要予以注意。

废污水再生循环是指从某个用水单元出来的废污水经处理后回到原单元再用。再生循环水系统中，废污水处理脱除杂质再生后又可利用于本单元。由于水可以一直循环使用，因此再生水量可以充分满足系统的要求，使得这种结构的水网络可以最大限度地节约新鲜水的用量和减少废污水的排放，而且如果杂质再生后浓度足够低，系统就可能只需要输入补充水量损失的新鲜水，而实现用水系统废污水的“零排放”。在废污水的再生循环中，由于废污水一直在循环使用，会出现杂质的积累，对此要注意并需有相应的措施以保证用水系统的正常运行。

（二）管理节水

所谓管理节水，是指分别从行政、技术和经济的角度出发，结合企业目前的用水状况，建立健全节水管理网络，完善各项节水管理制度，制定更加合理的用水定额，提高企业的用水效率，从而起到节水的目的。

1. 行政管理

行政管理是指依据国家有关节水的政策法令，通过采取行政措施对节水工作实施的管理，是一种见效快且直接的管理方法。行政管理的内容包括计划用水管理、节水"三同时"管理、节水型器具管理。

计划用水管理是指节水管理机构通过节水行政管理这一带有强制性、指令性的手段，对用水单位合理下达计划用水指标，并定时实施考核，厉行节奖超罚，严格控制用水单位的新鲜水取水量，促使其采取管理和技术措施，做到合理用水、节约用水。

节水"三同时"管理是指新建、改建、扩建项目的节水设施与主体工程要同时设计、同时施工、同时投入使用。

节水型器具管理是指通过法律和行政措施，对节水型器具的生产、销售和使用三大环节实施的有效管理，以杜绝假冒伪劣产品和落后淘汰产品的继续使用。

2. 技术管理

技术管理包括用水定额的制定和管理以及节水技术的科研管理。用水定额的制定和管理是实现科学用水的基础性工作。工业企业在产品生产过程中，用水定额一般可用单位产品取水量、万元产值取水量和人均日生活取水量来表达，反映了用水量标准以及生产和用水之间的内在联系，但不同生产单元在用水结构、用水方式、性质、量值上存在差异。

用水定额管理具有很强的行政和技术管理职能，是体现用水科学管理的必要手段。用水定额管理的工作十分复杂，为实施合理、高效的用水定额管理，必须坚持统一领导、分级管理的原则。各地区、各部门要在国家和省用水定额的基础上，根据各自的实际情况,制定相应的用水定额管理办法实施细则,使管理工作具有切实的可操作性。

用水定额管理工作的实效主要体现在用水定额的贯彻实施和用水定额的及时修订两大环节上。

水平衡测试是加强工业企业对水进行科学管理行之有效的管理手段,是搞好节水工作的基础。开展水平衡测试是解决当前用水现状不清、节水潜力不明、用水管理不科学的重要手段,对管理部门具有重要意义:一是不同地区的不同行业、不同设备、用水工艺存在一定差异,通过水平衡测试工作可以掌握当地企业的用水现状;二是通过水平衡测试为制订和下达企业用水计划与加强日常考核提供依据;三是通过了解企业用水现状,能正确评价企业用水水平,找出企业各主要用水环节的节水潜力,为制定节水规划提供依据;四是通过水平衡测试,便于和同类企业、同类产品的用水水平相比较,推动企业节水工作的深入开展;五是培养一批熟悉本企业用水现状、素质较高的用水管理人员;六是通过水平衡测试,为提高工业用水统计精度、实施取水许可制度和年度用水审验提供基本保证;七是为摸清用水现状,制定供水、节水及污水处理规划提供可靠依据。与此同时,水平衡测试也可为企业纳入城市用水计划、最终实现节水型工业提供保证。

节水科研管理是节水科技开发管理的重要组成部分,它是指依据科研活动的规律性和特点,在节水科研工作中采用计划、组织、协调、控制和激励等手段,为实现最大的经济效益、社会效益和节水效益而进行的一系列管理活动。其主要作用是依靠科技力量,合理地计划开发利用水资源;组织对节水科研的探索、预测、规划和评价;尽快将节水科研成果转化为生产力;保证和监督科研计划的正常进行;为科学建立科学的理论储备和技术储备。

3. 经济管理

节水经济管理是指运用经济手段,充分发挥经济杠杆的作用,调节、控制、引导用水行业,从而达到合理用水和节约用水的目的。节水经济管理是节水管理的一项重要手段,在实践中很少单独采用,往往与行政手段、技术手段和法律手段同时进行。

节水经济管理的基本原则是根据客观规律来制定在运用经济手段实施用水和节水管理中必须遵循的要求与准则。

在社会主义市场经济体制下,合理运用经济手段进行用水节水管理,充分发挥经济杠杆的调节作用,对水资源的合理开发和有效利用有着重要的作用。

一是可调动各方面节水的积极性,形成巨大的节水动力。节水活动持续、深入、健康发展需要有内、外推动力,需上、下、左、右各方面的积极性。产生这一推动力和积极性的手段之一就是制定并执行适宜而有效的、以物质利益为作用机制的经济政策和经济方法。实践证明,像用水的节奖超罚、经济目标责任制等经济方法和经济政策对促进节水工作起了很好的推动作用。

二是可有效控制浪费水的现象。长期以来,由于人们对水资源合理开发利用的认识不足,加上供水价格偏低,致使许多人不重视、不关心节水,用水方面存在许多浪费现象,因此采用一定的经济政策,发挥经济杠杆的调节作用,如征收水资源费,提高水价,实行计划用水管理,超计划累进加价收费,用水类别差价、季节差价等,对节约用水起到了积极的促进作用。

三是可更好地发挥科学技术节水的作用,促进节水技术的进步和节水技术改造措施的建设。节约用水的根本出路之一在于不断地采用先进的节水技术、节水工艺和节水设备,改造原有不合理的、浪费水的用水工艺和设备,采用一定的经济手段,如将超计划用水加价费用用于节水技改项目和节水工程的建设,专款专用,或对节水技改项目给予低息贷款,适当补贴等,无疑会对促进节水技术进步起到重要作用。

四是可创造更好的节水经济效果、环境效益和社会效益。一切节水活动的宗旨都要以最小的代价换取最大的成果，无论是节水管理工作，还是节水工程建设，都要从经济效益出发，以最少的人财物消耗换取最佳的节水效果。

4. 法制管理

法制管理是指各级节水行政主管机关依据节水法律、法规和规章的规定，在节水管理领域里，对节水行政管理的相对人采取的直接影响其权利义务，或对相对人的权利义务的行使和履行情况直接进行监督检查的具体行政行为。

(三)工艺节水

生产过程中所需的用水量是由生产工艺决定的。在工业生产中，同一种产品由于采用的生产方法、生产工艺、生产设备和生产工艺用水方式不同，单位产品的取水量也不同。工艺节水就是指由于工业生产工艺的改造及生产经营管理的变革，使生产用水得以合理利用的一种节水途径的总称，是在水的循环利用和回用之外的又一重要节水途径。

由于水的循环利用和回用具有较易实施、能取得立竿见影效果的特点，因此较受重视。但节水潜力特别是循环用水的节水潜力受生产条件的限制，随着节水工作的深入开展将会逐渐降低。与此相反，工艺节水不仅可以从根本上减少生产用水，而且通常具有减少用水设备、减少废水或污染物排放量、减轻环境污染以及节省工程投资和运行费用、节省能源等一系列的优点。在水资源匮乏的情况下，随着节水工作的发展，工艺节水正越来越受到重视并具有广阔的发展前景。

1. 节水洗涤技术

在工业生产中，为了保证产品的质量，往往需要对成品或半成品进行洗涤以去除杂质，一般的洗涤工序都是采用水作为洗涤介质的。在工业生产用水中，洗涤用水仅次于冷却水的用量，尤其在印染、造纸、电镀等行业中，洗涤用水有时占总用水量的一半以上，是工艺节水的重点。

一是减少洗涤次数的洗涤法。通过加强操作管理,减少洗涤次数,或通过工艺改革,使产品或半成品不经洗涤就能达到质量指标,可大大节约用水。如炼油厂油品精制,原先采用先用碱液洗,然后用水洗的工艺,如果能加强操作管理,控制好碱洗液中碱的含量及碱洗液的数量,并能保证及时排出处理过程中产生的碱渣,同样也能保证油品的质量。

二是改变洗涤方式的洗涤法。采用何种形式洗涤常常对需要的水量有较大的影响。水洗工艺分为单级水洗与多级水洗两种。在单级水洗工艺中,被加工的产品在一个水洗槽中经一次水洗即完成洗涤过程。在多级水洗工艺中,被加工的产品需在若干个水洗槽中依次进行洗涤。

在传统的多级水洗工艺中,各水洗槽均设进水管和排水管。在洗涤过程中,被加工产品依次经每个水洗槽进行洗涤,各水洗槽则连续加入新水并排出废水,水在其中经一次使用后即被排除。因各水洗槽之间的用水互不相关,故这种多级水洗工艺称为分流洗涤工艺。

在逆流洗涤工艺中,新水仅从最后一水洗槽加入,然后使水依次向前一水洗槽流动,最后从第一水洗槽排出。被加工的产品则从第一水洗槽依次由前向后逆水流方向行进。逆流洗涤即因此而得名。除在最后一水洗槽加入新水外,其余各水洗槽均使用其后一级水洗槽用过的洗涤水。水实际上被多次回用,提高了水的重复利用率。因此,逆流洗涤工艺与分流洗涤工艺相比,可以节省大量新水,是行之有效的节水方法,只是增加了操作的复杂性,并对生产管理提出了更高的要求。

三是提高洗涤效率的洗涤法。节约洗涤用水的途径,除在适当条件下加强洗涤水的循环利用和回用外,最简捷有效的途径是提高洗涤工艺的洗涤效率,如高压水洗、新型喷嘴水洗、喷淋洗涤、气雾喷洗、振荡水洗、气水混合冲洗等方法及洗涤工艺。

2. 节水型生产工艺

在工业生产中，有许多生产方法或工艺具有节水作用，从节约用水的角度来看，可将其称为节水型生产工艺技术，其节水效果的产生更侧重于生产方法或工艺的变革，而不是依靠生产工艺用水方式的变更。随着技术的进步，各行各业均出现了节水型的生产工艺。

一是节水型印染生产工艺。主要是低给液染整工艺、冷轧堆工艺、泡沫染整工艺等。

二是节水型电力生产工艺。燃气轮机发电几乎会完全改变目前广泛采用的汽轮机发电生产工艺。由于燃气轮机发电是由燃烧产生的高温高压燃气推动透平并带动发电机发电的，直接实现了化学能—机械能—电能的转换，因而不需汽轮机发电机组所需的锅炉用水、冷凝器冷却用水、冲灰水等，在功率相同的条件下，燃气轮机发电工艺可节水 70%。从工艺角度来看，燃气轮机发电虽具有一系列的优点，但单机组容量有限，其热效率尚不及高参数的汽轮机发电机组，机组的高温组件寿命较短，不能利用固体燃料。

三是节水型造纸生产工艺。造纸生产分制浆和造纸两部分，制浆用水量约占造纸总用水量的一半以上。制浆的方法很多，大体可分为化学法、机械法和化学机械法三类，并分别具有不同的特点。盘磨机械制浆是用盘磨机把木片直接磨制成浆的制浆方法，又分为普通木片磨木浆、热磨木片磨木浆和化学机械制浆等。

四是节水型钢铁生产工艺。采用转炉炼钢工艺可比平炉炼钢工艺减少用水量 90%。在轧钢生产中采用中性电解除磷法，使钢材表面的氧化铁皮在电流作用下经反复氧化还原逐渐溶解、消除，不但节水，还可消除因酸洗造成的酸雾和酸水污染。采用汽化冷却代替水冷却可节水节能。采用钢水液态输送一体化生产可减少重复冷却和加热，实现节水又节能。

五是节水型化工生产工艺。在氯碱工业中，隔膜法是在阴阳两极之间用多孔性石棉或聚合物制成的隔膜隔开，在阳极生成氯气，在阴极生成氢气和氢氧化钠电解液。其产物需经如下处理方能作为商品使用：电解液需去除残留的氯化钠并蒸发浓缩进一步制成固体烧碱，氯气需洗涤、干燥，氢气需去除氯化铵、氯、二氧化碳等杂质并干燥。离子膜法是以阳离子膜隔开阴阳极，其特点是耐腐蚀，可抵制阴离子向阳极迁移，但阳离子的透过性好、电阻小，故可从阴极获得高纯度的烧碱溶液和氢气，其耗水量小。

3. 无水生产工艺

无水生产工艺是指产品生产过程中无需生产用水的生产方法、工艺或设备，不包括以不向外排污为目标而建立的"闭合生产工艺系统"和闭路（封闭）循环用水系统。显然，在所有的节水方式中，无水生产工艺是最节水的，是节约工业生产用水的一种理想状态。如果在工业生产中，特别是在那些用水量大、污染严重的生产行业中能较普遍地采用无水生产工艺，就会明显提高生产过程的经济效益、环境效益与社会效益。

4. 物料换热节水技术

在石油化工、化工、制药以及某些轻工业产品生产过程中，有许多反应过程是在温度较高的反应器中进行的。进入反应器的原料（进料）通常需要预热到一定温度后再进入反应器参加反应，而反应生成物（出料）的温度较高，在离开反应器后需用水冷却到一定温度方可进入下一生产工序。这样，往往用以冷却出料的水量较大并有大量余热未予利用，造成水与热能的浪费。如果用温度较低的进料与温度较高的出料进行热交换，即可达到加热进料与冷却出料的双重目的。由于这种方式与热交换方式类似，因此称为物料换热节水技术。

5. 余热利用节水技术

在工业生产中，由于水封或汽化冷却，产生了蒸汽或高温水，使水带有一定的热量。冬季部分可用于供热,如保温、采暖,但到夏季余热就无法充分利用,造成经济损失,如果能将其实现科学利用,不仅余热可得到利用,而且可以节水。

6. 冷凝水回收利用

蒸汽冷凝水的回收利用情况用蒸汽冷凝水的回用率来衡量。蒸汽冷凝水的回用率是指在一定时间内用于生产的蒸汽冷凝水的回用量与用于生产的蒸汽量之比。在回收冷凝水时,应遵循分流回收、按质用水的原则。来自不同系统的冷凝水水质是不同的,可分为凝结水、疏水和工艺冷凝水三类。不同水质的冷凝水应进入各自的收集系统,分别回收利用。冷凝水应尽量返回冷凝水管网,重新用做锅炉用水。不能返回冷凝水管网的,也应回用到需要高水质的场合,而不能简单地回用到一个对水质要求很低的单元,更不能直接排放。

7. 设备节水

设备节水是指采用与同类设备相比具有显著节水功能的设备或检测控制装量,使企业的用水量明显减少,从而达到节水的目的。

设备的主要节水方法是:限定水量,如限量水表;限定(水箱、水池)水位或水位适时传感、显示,如水位自动控制装置、水位报警器;防漏,如低位水箱的各类防漏阀;限制水流量或减压,如各类限流、节流装置、减压阀;限时,如各类延时自闭阀;定时控制,如定时冲洗装置;改进操作或提高操作控制的灵敏性,前者如冷热水混合器,后者如自动水龙头、电磁式淋浴节水装置;提高用水效率;适时调节供水水压或流量,如水泵机组调速给水设备。

(四)非常规水源的开发和利用

目前,工业用水的绝大部分是直接由供水系统供应或由自备水厂从水井、河流等取水供水。由于我国水资源的缺乏,绝大多数地区均出现了不同程度的“水荒”，因此大力开发除地下水、地表水等常规水源外的非常规水源的利用，对消除水资源缺乏给工业企业带来的不利影响，实现可持续发展具有重大的战略意义。一般来讲，非常规水源主要包括海水、雨水、城市再生水等。

1. 海水利用

由于海水的化学成分十分复杂，主要离子含量均远高于淡水，因此使海水的利用受到了很大的限制。目前，海水主要在3个方面得到了应用，即直接利用或简单处理后作为工业用水或生活杂用水，如工业冷却用水，或用于洗涤、除尘、冲灰、冲渣、化盐碱及印染等方面；经淡化处理后提供高质淡水，或再经矿化作为饮用水；综合利用，如从海水中提取化工原料等。

2. 雨水利用

雨水是自然界水循环过程的阶段性产物，通过合理的规划和设计，采取相应的措施，可将雨水加以充分利用，不仅能在一定程度上缓解水资源供需矛盾，而且可有效地减少地面水径流量，延滞汇流时间，减轻雨水排除设施的压力，减少防洪投资和洪灾损失。雨水利用技术与设施一般包括雨水收集系统、雨水储存设施和雨水的简易净化系统。虽然利用雨水可有效节约水资源，但利用雨水时必须注意解决大气污染与地面污染及屋面材料对所收集雨水造成的污染，并在确定雨水利用设施的规模时确定合理的集水量保证程度和初期雨水弃流量。

3. 城市再生水利用

城市再生水利用技术包括城市污水处理再生利用技术、建筑中水处理再生利用技术和居住小区生活污水处理再生利用技术。

一是城市污水处理再生利用。城市污水处理再生利用技术是把城市部分地区的污水经过处理再利用的方式，即把污水处理厂的排放水送至城市净水厂，经处理后送到中水管道系统，供工业区或住宅做非饮用水。城市污水再生利用宜根据城市污水来源与规模,尽可能按照就地处理、就地回用的原则合理采用相应的再生水处理技术和输配技术。这种回收利用方式,由于要求城镇和建筑内部供水管网均应分为生活饮用和杂用双管配水系统,且城镇必须有污水处理厂,因此应鼓励研究和制定城市水系统规划、再生水利用规划和技术标准,逐步优化城市供水系统与配水管网,建立与城市水系统相协调的城市再生水利用的管网系统和集中处理厂出水、单体建筑中水、居民小区中水相结合的再生水利用体系,制定和完善污水再生利用标准。

二是建筑中水处理再生利用。建筑中水系统即是把民用建筑或建筑小区中人们生活中用过的或生活排放的污水、冷却水及雨水等,经集流、水质处理、输配等技术措施,实现回用目的的供水系统。建筑中水工程属于分散、小规模的污水回用工程,具有灵活、易于建设、无需长距离输水和运行管理方便等优点,是一种较有前途的节水方式。实现建筑中水回用,可节约淡水资源,减少污水排放量,减轻水环境的污染,就近开辟了稳定的新水源,既节省基建投资,又能降低供水成本,具有明显的社会效益、环境效益和经济效益。建筑中水系统是一个系统工程,是给水工程技术、排水工程技术、水处理工程技术及建筑环境工程技术的有机综合,在建筑物或建筑小区内运用上述工程技术,实现其使用功能、水功能及建筑环境功能的统一建筑中水系统由中水原水系统、中水处理设施和中水供水系统三部分组成。

三是居住小区生活污水处理再生利用。缺水地区城市建设居住小区达到一定建筑规模、居住人口或用水量的,应积极采用居住小区生活污水处理再生利用技术,再生水用于冲厕、保洁、洗车、绿化、环境和生态用水等。

第二节　全国节水型社会建设工作进展

我国通过开展节水型社会建设，逐步构建了节水型社会基本框架，完善了以水资源总量控制与定额管理为核心的水资源管理体系、与水资源承载能力相协调的经济结构体系、水资源高效利用的工程技术体系、自觉节水的社会行为规范体系等四大体系建设。

一、全国节水型社会建设总体情况

（一）以制度建设为核心保障节水型社会建设

我国开展了节水型社会管理制度的探索与创新，组织建立用水总量控制与定额管理相结合的管理制度，完善水量分配和取水总量控制制度，在长江、黄河等七大流域实行取水总量控制制度，编制流域取水许可总量控制指标体系；强化制定用水定额标准，目前全国30个省（自治区、直辖市）发布了用水定额，全国农业灌溉用水定额基本编制完成，部分高耗水工业行业用水定额已发布实施；推动各地出台了一系列关于计划用水指标体系，节水型校区、社区、企业建设，节约用水管理办法等制度；推动了水权制度建设，发挥市场配置水资源的基础性作用。

（二）以体制建设为契机促进水资源管理体制改革

水资源管理体制不顺一直是制约我国水资源统一监督和管理的重要因素，节水型社会建设的开展为理顺水资源管理体制创造了良好的契机。

一是推进水务一体化管理，从体制上保障节水型社会建设顺利开展。目前，全国组建水务局和实行城乡涉水事务一体化管理的县级以上行政区已达1 740余个，占全国县级以上行政区总数的71%以上。水务局在职能分工上积极与城市建设、环境保护部门建立协调机制，逐步实现了防洪、水源、供水、排水、污水处理回用、水价、水务投资等涉水事务的综合管理。

二是完善节水管理体制，理顺节水管理职能。全国 31 个省、直辖市、自治区和新疆建设兵团全部设立了节约用水办公室。全国地级行政区设立节水管理机构的有 317 个，占地级行政区的 75%。

三是初步建立了节水目标责任制度。一些省（自治区、直辖市）和城市节水管理部门每年与下一级节水管理部门签订节水目标责任书，将用水总量控制指标、定额控制标准、节水器具推广工作任务分解，明确节水工程建设任务、节水器具推广的数量、节水责任及完成期限，并下达节水器具改造补助资金。

（三）以先进实用技术为重点支持行业节水

在农业节水方面，加强总量控制与定额管理相结合，建设了一大批旱作节水农业示范基地，深耕深松、蓄水保墒、覆盖保水、农田护坡拦蓄保水等高效旱作节水农业技术及非充分灌溉节水灌溉方式得到了广泛应用。四平、德州、哈密等 15 个全国节水型社会建设试点城市（地区）在“十一五”期间发展喷灌、滴灌、管灌等高效节水工程面积达到 755 万亩[1]，改建和衬砌干渠、支渠、斗渠、农渠共计 388 万 km。

在工业节水方面，鼓励发展节水高效的高新技术产业，加大了工业节水技术改造力度，工业用水重复利用率得到了大幅度提高。

在城镇生活节水方面，以城镇供水管网改造和推广城镇生活节水器具为主，控制了城镇生活用水量的增长速度。义乌、浦东、莆田等 22 个全国节水型社会建设试点城市（地区）开展了供水管网漏损检测与修复，安装水量监测设备和水位监测设备，完成城市

---

[1] 1 亩 = 1/15 hm^2 ≈ 667 m^2，全书同。

管网铺设和改造 527 km,城区管网漏损率显著下降。

在非常规水源利用方面,污水再生利用量逐年增加,2010 年达到 28 亿 m^3,沿海地区年海水直接利用量 2010 年超过 500 亿 m^3,日海水淡化能力超过 50 万 m^3。

(四)以市场引导为助力加快节水技术产品推广应用

一是通过初步构建节水产品推广、认证和市场准入制度,促进了节水产品的技术进步和节水产品的普及和应用。近年来,连续举办了几届全国节水用水先进技术设备展览,加强了对节水技术、产品的宣传推广。组织修订了《节水型产品技术条件与管理通则》国家标准,积极推动了节水产品认证工作开展。

二是通过实施节水型社会建设试点项目,逐步探索节水产品生产、技术推广的财政税收激励机制,进一步健全了节水产品使用的监督管理机制。

三是各类专项研究成果直接应用于当地节水型社会建设,有效地促进了节水的技术进步和推广应用,带来了良好的经济效益和社会效益。

(五)以宣传教育为手段增强全社会节水意识

充分利用现有媒体资源,综合运用影视短剧、公益广告、文字图片展览、科普专栏、印刷出版物等多种宣传手段,开展了各种新颖有效的节水宣传教育活动,充分调动全社会公众全面参与节水型社会建设。注重节水型社会建设试点整体效应宣传,注重工业、农业各行各业节水效应宣传,注重生活中个人节水行为效应宣传,提高节水型社会建设宣传的影响力。开展大学生志愿者节水调查和教育活动,推动大学生走入社会进行节水宣传,积极倡导节约用水的生活习惯和行为。水利部与中宣部等部委联合启动了"节水中国行"采访报道活动,与北京奥组委联合开展了"绿色奥运、节水先行"系列活动,在"世界水日"、"中国水周"、"城市节水宣传周”集中部署开展了形式多样的节水宣传活动。2009年，水利部、全国节约用水办公室与全国青联、中央国家机关青联联合举办了“以落实科学发展观，节约保护水资源”为主题的实践活动，向全国青年发出节水倡议，并确定了社会知名度较高的18名中国节水大使，通过他们身体力行参与水资源节约和保护行动，影响和带动了周围群众，调动了全社会参与节水型社会建设的积极性。

二、节水型社会建设成效

通过开展节水型社会建设，建立了全国、流域、省（自治区、直辖市）、试点四个层次的节水型社会建设规划体系；加强了节水管理制度建设，贯穿取水、供水、用水、耗水、污水处理及其回用全过程的节水型社会建设制度体系逐步形成；取得了一批重大专题研究成果，为推进节水型社会制度建设和能力建设发挥了重要的科技支撑作用；开展了节水型社会建设宣传教育，促进了公众节水意识的提高。地方各级人民政府把节水型社会建设作为调整产业结构和加快转变经济发展方式的重要举措，试点地区在科学规划的基础上加快节水型社会建设步伐，各部门分工协作，各行业齐头并进，形成了政府推动、市场引导、公众参与、全民共建节水型社会的良好局面。

通过开展节水型社会建设，有力地保障了国家“十一五”规划纲要和节水型社会建设“十一五”规划有关任务的落实，促进了规划指标的实现。2010年全国万元GDP用水量191 m^3（按2005年可比价计算），比2005年下降了37.2%；2010年万元工业增加值用水量105 m^3（按2005年可比价计算），比2005年下降了37.9%；全国农业灌溉水利用系数从2005年的0.45提高到2010年的0.50；2010年全国节水灌溉工程面积达到4.16亿亩，比2005年净增0.69亿亩。火电、钢铁、石油石化、造纸等高用水行业主要产品单位取水量进一步得到下降,城镇用水效率进一步得到提高。

第三节　典型省级区域节水型社会建设推进情况

为推动节水型社会建设工作的开展,部分省(自治区、直辖市)以省政府或省政府办公厅的名义先后印发了加快节水型社会建设的指导意见。

一、加快节水型社会建设各项工作全面推进

(一)江苏省政府办公厅关于加快节水型社会建设的意见摘要

1. 基本要求

围绕富民强省、"两个率先"战略目标和实现又好又快发展主题,按照富民优先、科教优先、环保优先、节约优先要求,以协调统筹生活、生产、生态用水需求为出发点,以提高水的利用效率和效益为核心,以水资源统一管理、优化配置为手段,建立科学的水资源管理制度,推进节水和水资源保护,积极培育和强化社会公众节水意识,建设农业、工业、城市、服务业节水和生活节水的各类节水载体,不断提高水资源承载能力,实现水资源可持续利用,支撑经济社会的可持续发展。

2. 总体目标

建立以水权制度为核心的区域用水总量控制和水资源管理体系,逐步形成与水资源和水生态环境承载能力相协调的经济结构体系,与水资源优化配置相适应的水资源安全供给体系,通过定额管理和经济调节手段转变全社会对水资源的粗放利用方式,提高水资源的利用效率和效益,实现水资源可持续利用,保障江苏省经济社会与资源环境的协调发展。

3. 近期目标

形成适合江苏省经济发展和水资源特点的节约用水管理制度与法规标准体系；建立有利于促进节约用水与水资源合理利用的水价形成机制；全面实施用水总量控制和定额管理制度，促进地区经济结构和产业布局的调整；创建一批节水型灌区、节水型企业（单位）、节水型社区和节水型城市，水资源利用效率明显提高，全省单位地区生产总值耗水量降低到250 m^3/万元以下，单位工业增加值耗水量降低到45 m^3/万元以下，工业用水重复利用率达到65%以上；水功能区管理进一步规范，水环境承载能力进一步增强，水功能区水质达标率达到65%以上，水土流失面积占国土面积比例控制在2.5%，地下水超采面积比例控制在6%以下。

4. 主要任务

积极开展节水型社会建设试点。南京、徐州、张家港等3个国家级节水型社会试点市，要按照水利部的进度计划要求，按时完成试点工作任务，通过国家验收。无锡、南通、淮安、大丰、泗洪、江宁、姜堰、句容、东海、淮阴、武进、高邮等12个省级节水型社会建设试点县（市），要抓紧编制节水型社会建设规划，明确试点目标和任务，全面完成试点工作任务，并通过省级考核验收。

加强节水型社会载体建设。进一步加强节水型灌区、节水型企业（单位）、节水型社区和节水型城市等载体建设。省水行政主管部门要会同有关部门尽快制定各类节水型载体建设标准，分别对节水型灌区、节水型企业、节水型单位（高校、宾馆、饭店、医院、机关等）、节水型家庭、节水型居民小区、节水型城市等提出创建要求，认真组织实施，逐项抓好落实。力争全省大型灌区全部建成节水型灌区，50%的大型企业建成节水型企业，90%以上的高校建成节水型高校，10个城市达到国家节水型城市标准，40%以上的设区市达到省级节水型城市标准，建成节水型社区100个。

加大工业企业节水技术改造力度。实施重点工业行业、重点企业的节水技改，以取水量占全省工业总取水量前八位的火电、化工、纺织、冶金、建材、食品、造纸、机械等八大行业为重点，积极实施“八大行业节水行动”工程，力争八大行业主要产品用水定额5年内达到国内同行业先进水平，带动行业节水水平大幅度提高。鼓励企业采用废污水“零”排放技术，在电力、化工、冶金、建材、造纸等行业建成一批“零”排放示范企业。积极推进节水型工业园区建设，鼓励区内企业推广使用厂际串联用水、水网络集成和中水回用等新型高效节水技术，在全省建成一批节水型工业园区。

大力发展农业节水灌溉。全面推广水稻节水灌溉技术。在苏南、苏中地区重点推广灌溉暗渠，明排衬砌；在淮北地区结合中低产田改造，修建防渗渠道，井灌区可逐步推广管灌或小型移动式喷灌；在山丘区要支持兴建、改造塘坝、大口井，发展雨水利用工程。对多级提水的水资源短缺地区限制种植高耗水作物，鼓励发展耗水少或附加值高的特色农作物。开展大中型灌区节水配套改造，加强渠首工程的配套、维修及渠系建筑物的配套工作，减少渗、漏水损失。开发适合江苏省特点的成套量水技术和系列化田间量水设备，大中型灌区支渠以上实现计量供水，小型灌区实现渠首计量供水，有条件的灌区进一步缩小计量单元。

认真落实生活和服务业节水措施。加强城市公共用水管理，对用水量较大的机关、学校、医院、商场、科研院所、宾馆、饭店、大型文化体育设施等实行计划用水和定额管理，超计划用水的，实行累进加价征收水资源费。强化国家有关节水技术标准的执行力度，积极推广质量可靠、性价比高的节水型龙头、节水型便器系统、节水型沐浴设施等节水型器具。引导居民尽快淘汰住宅中不符合节水标准的生活用水器具。加强公共建筑空调冷却设施管理，制定强制更新标准，冷却水循环率应达到98%以上。鼓励和引导使用节水型洗车工艺设施，逐步实现中水回用。鼓励城市大型公共建筑、居民小区建设中水回用系统，实行分质供水。水功能区现状排放量超过水域纳污能力的地区,应当逐步提高污水处理厂排放标准,或者提出相应尾水利用的数量和比例。

逐步实施区域用水总量控制。建立行政区域地表水用水总量、地下水可采总量、水功能区纳污总量和取水户用水总量等“四个总量”控制体系,按行政区域用水控制总量和用水定额,确定取水许可量和年度用水计划。结合区域水资源配置,逐步建立行政区域用水计量系统,选择典型地区进行试点,制定区域用水总量节约奖励和超总量补偿办法,以定额管理约束用水总量,促进用水效率和效益的提高。加强地下水管理,继续巩固苏锡常地区地下水禁采成果,苏北、苏中地区地下水超采区开采量压缩到可开采量以内。

5. 保障措施

加强节水型社会建设的科技支撑。组织有关科研院所开展节水技术研究和攻关,重点开展“零”排放技术、提高浓缩倍率技术、中水回用技术和水网络集成技术的研究工作。通过发布目录、组织现场会、举办展览、技术交流等多种方式,加快先进成熟节水技术、节水工艺和节水设备的推广应用,重点推广农业节水灌溉、废污水“零”排放、中水回用和非传统水源利用技术;鼓励用水户采用用水量小、污染少的工艺、设备和技术,积极推进循环型、节水型工业园区建设;加快建设全省水资源管理信息系统,大力推广智能水表、超声波流量计等先进计量设施,建成全省重点用水户水资源远程监控系统,加快建设全省水资源调度管理系统。

完善节水型社会建设的政策法规。贯彻落实《中华人民共和国水法》和国务院《取水许可和水资源费征收管理条例》,尽快制定出台相关节水配套法规。发布节水型产品目录,落实有关鼓励生产、销售和使用节水型产品的政策,建立节水型产品认证制度和市场准入机制。继续深化水价改革,扩大不同水源及不同取水用途水资源费之间的差距。加强水资源费征收管理,逐步建立服务用户、足额征收、规范使用、督察到位的征收使用管理机制。

加强节水型社会的制度建设。一是完善水资源论证制度。编制国民经济与社会发展规划和城市总体规划，进行各类开发区、工业园区、大学城等区域开发项目建设，应当依法进行水资源论证。二是落实建设项目节水设施“三同时”制度。新建、扩建、改建建设项目，应当制订节水措施方案，配套建设节水设施。节水设施应当与主体工程同时设计、同时施工、同时投产。三是建立水资源消耗核算制度和节水考核指标体系。将用水、节水统计纳入国民经济统计体系，定期向社会公布有关用水、节水指标。

加大对节水型社会建设的公共投入。各市、县人民政府要加大对节水型社会建设的投入，重点支持节水关键技术的开发、示范和推广，节水型载体创建，工业和城乡生活节水示范工程，以及农业节水计量工程建设。鼓励吸引社会资金投入节水工作，利用市场机制引导和推动节水型社会建设，建立节水激励和补偿机制。

6. 组织领导

省政府建立节水型社会建设联席会议制度，由分管副省长召集，各相关部门参加，研究解决节水型社会建设中的有关重大问题。联席会议办公室与省节约用水办公室合署办公，负责全省节水型社会建设的规划、协调、监督和考核。市、县人民政府要加强节水型社会建设的组织领导和协调。水行政主管部门负责节水型社会建设工作的组织实施，相关部门按照职责分工，各司其职，密切配合，推动节水型社会建设工作的深入开展。

强化宣传教育。各地各部门要加大节约用水的宣传力度，教育部门要将节约用水纳入基础教育。各新闻媒体要充分发挥舆论宣传和舆论监督作用，积极宣传推行节约用水的典型经验，营造全社会节约用水的舆论氛围，让节水成为光荣的社会风尚。要鼓励建立用水户协会，实行水价听证制度，鼓励社会公众参与水权、水量分配和水价测算的管理与监督。建立和完善有奖举报等激励机制，为公众行使知情权、参与权、监督权创造条件。

严格考核评估。各地要认真落实节水型社会建设目标责任制，制定工作目标，明确工作任务，层层分解落实，完善建设方案，落实建设措施，切实将节水型社会建设目标和责任落实到各部门、各单位和每个用水户。建立健全节水型社会建设考核指标体系和监测评价制度，列入年度目标考核内容。出台考核奖励办法，建立激励机制，推动节水型社会建设工作深入开展。

（二）陕西省人民政府关于加快节水型社会建设的意见摘要

1. 总体要求

以建设资源节约型和环境友好型社会为目标，以提高水的利用效率和效益为核心，进一步加强水资源的统一管理、优化配置和节约保护，统筹协调生活、生产、生态用水需求，建立健全节水制度，创新节水机制，完善农业、工业、城市节水体系，强化社会公众节水意识，建立政府调控、市场引导、公众参与的节水管理机制，不断提高水资源承载能力，为全省经济社会的可持续发展提供可靠的水资源支撑。

2. 基本原则

坚持以人为本，统筹流域、区域和生活、生产、生态用水，优化水资源配置；坚持制度创新，深化水价改革，健全和完善总量控制、定额管理的用水管理制度；坚持分类指导，突出关中、陕北两大区域和重点领域、重点行业，因地制宜地采取节水措施；坚持科技创新，加快节水技术改造，积极研发和推广节水新技术、新工艺、新设备和新产品；坚持节水减污并举，以节水促减污，以限排促节水。

3. 目标任务

全省农业节水灌溉面积达到 1 200 万亩，灌溉用水有效利用系数达到 0.55；万元工业增加值用水量降低 30%，工业用水重复利用率达到 65%；城市污水处理率达到 60%，回用率达到 20%，城市供水管网漏损率控制在 10% 以内；水功能区达标率达到

70%。到2020年，全省农业节水灌溉面积达到2 200万亩，灌溉水有效利用系数达到0.58；万元工业增加值用水量降至45 m^3，工业用水重复利用率达到75%。

4. 完善水资源有偿使用制度

认真贯彻《中华人民共和国水法》和国务院《取水许可和水资源费征收管理条例》，严格实行水资源有偿使用制度，按照《陕西省水资源费征收办法》明确的水资源费征费范围和征费标准，依法加强水资源费征收管理工作，逐步建立起服务用户、足额征收、规范使用、督察到位的征收使用管理机制。根据水资源的供需状况和经济社会发展水平，适时适度调整水资源费征收标准，逐步扩大不同区域、不同水源、不同行业水资源费征收标准的差距，促进节约用水。对在城市供水管网覆盖范围内取用地下水的，水资源费应不低于公共供水的价格水平。

5. 深化水价改革

认真落实国务院办公厅《关于推进水价改革促进节约用水 保护水资源的通知》和全国水价改革与节水工作电视电话会议精神，加快建立以促进节约用水、合理配置水资源和提高用水效率为核心的水价形成机制和价格体系。按照省政府的总体部署，城市供水要全面实现水价"三步走"改革目标。对城市居民生活用水实行阶梯式计量水价，对非居民用水单位超计划、超定额用水实行累进加价制度。开征城市污水处理费并提高收费标准，设区市生活污水处理费征收标准每吨不低于0.8元，县（市、区）生活污水处理费征收标准每吨不低于0.6元，逐步实现城市污水处理的市场化。农业用水全面推行按量配水、按量收费的农田灌溉终端水价制度，积极开展实行丰枯季节水价试点。按照补偿成本、合理收益的原则，科学确定再生水水价。

6. 逐步建立水权制度

在加快建立健全用水总量控制、定额管理、取水许可、水资源论证、用水计量与统计、节水产品认证等制度的同时，积极开展水使用权分配、水使用权管理和水使用权转让试点，推进水市场的形成，促进水权在地区间、行业间和用水户间有偿流转，促进节约用水。抓好石头河水库“两部制”水价改革试点，及时总结和推广试点经验，提高水资源利用效率和效益。

7. 强化水资源统一管理

加强水资源规划实施管理，统筹考虑开发、利用和保护，合理确定水资源可利用上限、开发次序和供给次序，保障城乡居民、农业、工业用水和生态环境用水需要。加强水资源保护，加大治污力度，逐步改善地表、地下水环境质量。饮用水源地保护区内，严禁进行各项开发和建设活动，禁止一切排污行为。严格执行取水许可制度，对新建、改建和扩建项目，加强水资源论证和节水方案、节水措施审核，推行节水设施与建设项目主体工程同时设计、同时施工、同时投入使用的制度。凡未经取水许可和水资源论证的建设项目，一律不得审批立项或核准备案。禁止在地下水禁采区和限采区内新建、改建、扩建地下水取水工程。禁止在供水管网覆盖区新增地下水取水工程，有计划地关闭现有水源井，逐步实现地下水采补平衡。

8. 实行用水总量控制和定额管理相结合的管理制度

省水利厅要会同省发展和改革委员会等省级有关部门，根据区域水资源供需状况、节约用水规划等，研究制订陕西省黄河流域、长江流域水量分配方案，把国家分配的用水总量逐级分解落实到流域内各市、县、区，实行区域用水总量控制行政首长负责制。修订完善行业、产品和居民生活用水定额，建立覆盖全社会的用水定额指标体系。根据定额指标，合理确定行业、部门和单位用水年度计划，确保用水总量控制在定额指标之内。供水单位和自备水源单位要切实落实节水措施，并按照规定程序报送年度供、用水计划申请和计划执行情况。加强对重点行业、高耗水重点企业用水情况的考核评价和监督检查，对超额用水的用户，除累进加价收取水费外，要给予批评、警告、吊销取水许可证等行政处理。

9. 加强农业节水

加快大中型灌区节水改造步伐，抓好末级渠系节水改造，全面推广渠道防渗、管道输水等高效输水技术，减少渠道渗漏损失。改进田间灌水方式，积极推广小畦灌溉、细流沟灌、喷灌、滴灌等先进节水技术，提高田间水利用率。积极发展"南塘、北窖、关中井"等雨水积蓄工程，充分利用雨水资源。积极调整农业种植结构，大力发展旱作农业。发展集约化节水型养殖，搞好养殖废水处理及重复利用。加快农村饮水工程建设，积极发展联村、联乡集中供水，逐步配套完善家用水表和节水器具。推进农村生活垃圾及污水处理，加强农村水环境保护。

10. 强化工业节水

以电力、纺织、造纸、钢铁、石油化工等高耗水行业和日取水1万m^3以上的用水企业为重点，加快利用先进工艺设备进行节水改造，逐步淘汰耗水量大、技术落后的工艺和设备，鼓励污水回用及循环用水。积极调整工业结构和布局，严格限制在缺水地区布设高耗水项目。关中、陕北新建电力、化工等项目，要推广使用风冷技术。加强工业产品用水定额管理，全面执行和推广节水技术标准，减少水的消耗。加大对造纸、果汁、冶金、化工、纺织、印染、皂素等重点排污企业的治理力度，实施减排和水循环利用工程，减少江河污染。完善规模以上工业企业用水及节水统计工作，全面加强工业企业用水计量管理。

11. 推进城市节水

加快城镇供水管网更新改造步伐，大中城市两年内全面完成老城区供水管网改造任务，确保管网漏损率大幅度降低。统筹规划建设各类管网设施，城市新建区管网做到雨污分流。加快城市污水和垃圾处理设施建设，重点建设渭河流域、汉丹江流域和黄河沿岸城镇污水处理厂与垃圾处理厂，同步抓好中心城市和重点开发区域再生水回用设施建设，建立和完善重点河流市界水质监测断面，严格排污控制，确保水功能区达标。加强城市公共用水管理，对用水量较大的机关、学校、医院、商场、科研院所、宾馆、饭店、大型文化体育设施等实行严格的用水计划管理。加强节水器具和节水产品的推广普及工作，严格执行国家节水技术标准。新建、改建、扩建的公共建筑和民用建筑，禁止使用国家明令淘汰的用水器具，鼓励引导居民淘汰现有住宅中不符合节水标准的生活用水器具，实现节约用水。

二、落实中央一号文件精神和最严格水资源管理制度

（一）四川省人民政府关于全面推进节水型社会建设的意见摘要

1. 总体要求

以提高水资源利用效率和效益为核心，以全面实行最严格的水资源管理制度为重点，政府主导，动员社会力量，整合各类资金、集中投入、整体推进，构建节水型农业、工业、生活服务业和良好的水生态环境，形成节约用水的生产方式和消费模式，为促进经济社会可持续发展和全面建设小康社会提供水资源保障。

到2015年，基本建立起最严格的水资源管理制度、水资源管理行政首长负责制和水资源管理考核制度，实行用水总量、用水效率和水功能区限制纳污“三条红线”控制管理；基本完成万人以上水源地达标建设，建设一批河流水资源保护工程；基本建成省、市、县三级水资源管理系统。全省用水总量控制在377亿m^3以内（以国家下达指标为准），万元工业增加值用水量下降30%，农业灌溉水有效利用系数提高到0.45以上，重点水功能区水质达标率提高到75%以上，县级以上城市供水管网漏损率降低到15%；设市城市污水处理率提高到85%，县城污水处理率提高到70%；地

下水基本实现采补平衡。

到2020年,水资源的管理、节约工作和保护工作得到全面加强,各项节水指标达到全国先进水平。

2. 基本原则

全面推进。以县为单位,工程措施和非工程措施并举,在农业、工业、生活服务业节水和水生态环境保护等方面同时推进。

因地制宜。根据当地水资源状况、经济社会发展状况及其用水需求,科学制定五年规划,分年度组织实施。

政府主导。发挥政府在节水型社会建设中的主导作用,加大财政投入,整合各类资金,加强部门协作,建立"政府主导、多元投资、群众参与"的多层次、多渠道长效投入机制。

突出重点。用3年时间分批启动建设100个节水型社会建设重点县(市、区),实行重点扶持,集中投入。

严格管理。把实施最严格水资源管理制度作为主要任务,落实水资源管理工作行政首长负责制,严格水资源管理考核,用严格的制度管理好、保护好水资源。

以供定需。因水制宜,量水发展,优化调整工农业生产结构,合理确定城市规模,使经济社会发展有可靠的水资源支撑和保障。

3. 工作重点

突出抓好节水型社会重点县建设。在双流等县(市、区)成功试点的基础上,从2011年起分批启动建设100个节水型社会重点县(市、区)。各地申报后,按照公开、公平、公正的原则,确定重点县(市、区)名单(中央小型农田水利重点县与全域灌溉试点县申报节水型社会重点县的优先确定),经公示后报省人民政府审定。第一批、第二批和第三批重点县(市、区)分别确定30个、30个和40个县(市、区),分别从2011年、2012年和2013年开始建设,每一批建设时间为5年。

加快推进农业节水。大力推进农业节水示范区项目建设,全面推广渠道防渗、管道输水、坡耕地改造、田间集雨设施等工程节水技术。发展高效节水农业,选育和推广耐旱作物品种,调整种植结构,优化种植制度,规范旱地改制,因地制宜发展旱粮作物。加强灌溉用水管理,发展、巩固和完善农民用水协会,推广农耕农艺节水措施,建设节水高效农业和生态农业。

着力推进工业节水。禁止扩建、新建不符合本地区水资源条件的高耗水、高污染项目。结合技术改造和产品更新换代,提高节水能力。加强定额管理,强化用水计量器具的监督和检测,加大节水计量检测能力投入,推广中水回用,提高工业用水重复利用率。

深入推进城镇节水。大力发展城镇、城乡集中供水,加强节水器具和节水产品的推广普及工作,建设节水型社区。开展雨水收集回用和中水回用系统建设。

加强水资源保护。在水功能区的保护区和保留区修建水电站等水工程,应严格水资源论证,加大下泄流量,维护江河健康生态。开采矿泉水、地热水的,凭取水许可证办理采矿许可证,并按照水行政主管部门确定的开采限量开采。矿井日常疏干排水的,应经水行政主管部门同意并办理取水许可证。新建、改建、扩建项目的节水、治污设施必须与主体工程同时设计、同时施工、同时投入运行。"十二五"期间基本完成万人以上水源地达标建设,实施水功能区、水库、饮用水水源区以及水利工程渠系水资源保护工程,开展以河流或流域为单元的水资源保护工程建设,实现清水入江河湖库。

优化配置水资源。做好用水总量配置工作,促进水从低效益用途配置到高效益领域。加快建设一批大中型骨干水利工程,围绕"再造一个都江堰灌区"核心目标,积极推进"全域灌溉"和水利现代化灌区建设,用5年时间,基本完成已成灌区渠系配套,完成30个在建大中型工程,开工一批大中型工程。确保在2015年和2020年分别新增1 000万亩有效灌溉面积。确保城市用水。

严格管理水资源。严格实行水资源论证及取水许可制度。加强相关规划和项目建设布局水资源论证工作，国民经济和社会发展规划以及城市总体规划的编制、重大建设项目的布局，要与当地水资源条件和防洪要求相适应，并进行科学论证，实行水资源论证一票否决。严格实行入河排污口设置同意制度。确立水功能区限制纳污红线，从严核定水域纳污能力。在江河、湖泊新建、改建或者扩大排污口，应当经过有管辖权的水行政主管部门或者流域管理机构同意，由环境保护行政主管部门负责对该建设项目的环境影响报告书进行审批。

（二）河北省人民政府关于实行最严格水资源管理制度的意见摘要

加快推进节水型社会建设。按照政府推动、部门配合、社会参与的原则，全面实施节水型社会建设“十二五”规划。以农业抓灌区、工业抓园区、生活抓社区为重点，狠抓水量分配、指标约束，用水计量、节奖超罚，协会建设、示范引导，建立健全节水长效运行机制。采取激励措施，实现节水与用水户利益直接挂钩，提高水的利用效率。研究制定水资源使用权转让政策，鼓励水资源使用权合理有效流转。

大力发展农业节水灌溉。以粮食生产核心区和蔬菜生产示范区为重点，大力推广管道输水、渠道防渗、微灌、喷灌等工程节水技术和生物节水、农艺节水技术，提高农业灌溉水有效利用系数和水分生产率。落实节水、抗旱设备补贴政策，积极扶持农民用水合作组织，调动农民发展节水灌溉的积极性。

切实做好节水减排工作。加强对钢铁、化工、火电、纺织、造纸、建材、食品等高耗水企业的节水管理，积极开展节水示范工程建设，推广先进的节约用水和污水处理及回用技术，提高水的重复利用率。实行清洁、低耗、低排生产，鼓励企业研发或引进先进技术，为节水减排工作提供科技支撑。加快城镇生活供水管网改造，推广普及节水器具，改进居民用水计量方式。加强对高尔夫、洗浴、洗车等高耗水服务行业的节水管理。

实行计划用水与定额管理。落实河北省《用水定额》，制订年度用水计划，加强用水计划管理。对不按规定申报用水计划的，不予供水；不安装计量设施、开展水平衡测试、使用节水设施和器具的，责令限期改正直至核减用水指标。取用水单位要在年底前向水行政主管部门报送本年度用水计划执行情况。

加强节水设施监督管理。新建、改建和扩建建设项目，应当制订节水措施方案，配套建设节水设施，实行节水设施与主体工程同时设计、同时施工、同时投产使用"三同时"制度。未落实"三同时"制度的，有关部门不予批复设计报告，不予竣工验收，擅自投入使用的，依法进行处理。加强计量设施监督，及时开展水平衡测试。实行用水器具市场准入制度，逐步淘汰不符合节水标准的用水工艺、设备和产品。

（三）天津市关于实行最严格水资源管理制度意见的有关内容摘要

完善节水体制机制建设。各区县人民政府要切实履行节水管理责任，健全三级节水管理网络。建立节水激励机制，对企业实施节水技术改造、购置节水产品的投资额，按一定比例实行税额抵免；对实现废水"零排放"的企业，减征污水处理费；鼓励农业节水，市有关部门和区县人民政府应对农业节水项目优先立项，并视情况给予贷款贴息支持。继续推进节水型区县、节水型企业（单位）、节水型社区、节水型校园等载体创建，建成一批规模化、高水平的节水载体。

落实建设项目节水设施"三同时"制度。市有关部门和各区县人民政府要严格落实建设项目节水设施"三同时"制度，节水设施应与主体工程同时设计、同时施工、同时投入使用。市水行政主管部门会同相关部门制定建设项目节水设施技术标准，新建、改建、扩建建设项目应严格执行节水设施技术标准。项目设计未包括节水设施的内容、节水设施未建设或没有达到技术标准要求的，不得擅自投入使用。相关部门按照职责分工做好建设项目设计、施工、验收环节节水设施"三同时"制度的落实工作，市水行政主管部门做好监督工作。

严格计划用水管理。市水行政主管部门组织制定、完善主要用水行业用水定额，加强重点用水单位节水监督管理。各级节水管理部门应强化主要用水户水平衡测试管理，严格用水户计划用水管理，实行超计划累进加价制度。新建、改建、扩建建设项目取用公共自来水的，办理用水计划指标时应提交建设项目用水报告书。对未取得用水计划指标的非居民生活用水户，供水企业不得供水。

加快推进节水技术改造。加强节水新技术、新工艺、新设备、新产品的推广应用，特别是对化工、冶金、纺织、印染等高耗水行业开展节水技术改造，推广循环用水、串联用水、非常规水利用、"零排放"等节水技术。加强城市公共用水管理，淘汰公共建筑中不符合节水标准的用水设施及产品。研究制定节水产品市场准入政策和节水认证标志制度，各经销商应销售有节水标志的产品，使用财政性资金的建设项目应按规定对用水器具实行政府采购。研究建立节水型产品财政补贴制度，引导社会公众使用节水型产品。加大农业灌区节水改造力度，推广污水处理回用灌溉农田技术。

严格公共供水节水管理。水生产企业应当采用先进制水技术，减少制水水量损耗。供水企业应加强对供水管网的维护管理，建立完备的供水管网技术档案，制订管网改造计划，逐步对漏失严重的管网和老旧管网进行改造，降低管网漏失率。供水企业管网漏失率、供水产销差率和水生产企业生产自用水比率应当符合国家和我市规定的标准。

逐步提高水的商品化率。加快农业用水计量设施建设，推进农业用水计量收费。加强设施农业取用水管理，新建设施农业必须建设用水计量设施，已有设施农业要逐步补建用水计量设施。市价格主管部门应当会同有关部门研究设施农业水资源费征收标准，探索对限额以上用水户适时开征水资源费。

第四节　节水型社会建设试点总体情况

在“十五”期间确定张掖市等12个全国节水型社会建设试点的基础上，进一步扩大了全国试点的规模和范围，重点推动了南水北调东中线受水区、西北能源重化工基地、南方水污染严重地区、沿海经济带的节水型社会建设。水利部2006年确定了第二批30个全国试点，2008年确定了第三批40个全国试点，2010年确定了第四批18个全国试点。目前，全国节水型社会建设试点达到100个（试点地区分布情况详见表2-1和附图，试点地区水资源条件和经济发展水平组合分类情况详见表2-2），省级节水型社会建设试点达到200个。在中央财政资金的支持和引导下，国家级试点和省级试点形成相互补充、相互促进、共同发展的新格局。

表2-1　全国节水型社会建设试点地区分布

省、自治区、直辖市	“十五”期间试点	第二批试点	第三批试点	第四批试点	试点数量
北京市		海淀区	大兴区	怀柔区	3
天津市	天津市				1
河北省	廊坊市	石家庄市	邯郸市、衡水市桃城区		4
山西省		太原市	晋城市、侯马市	阳泉市	4
内蒙古		包头市	呼和浩特市、鄂尔多斯市	二连浩特市	4

续表 2-1

省、自治区、直辖市	“十五”期间试点	第二批试点	第三批试点	第四批试点	试点数量
辽宁省	大连市	鞍山市	辽阳市	本溪市	4
吉林省		四平市	长春市、辽源市	延吉市	4
黑龙江省		大庆市	哈尔滨市		2
上海市		浦东新区	青浦区	金山区	3
江苏省	张家港市、徐州市	南京市	南通市、泰州市		5
浙江省		义乌市	余姚市、玉环县	舟山市	4
安徽省		淮北市	合肥市	铜陵市	3
福建省		莆田市	泉州市		2
江西省		萍乡市	景德镇市	南昌市	3
山东省	淄博市	德州市	滨州市	广饶县	4
河南省	郑州市	济源市	安阳市、洛阳市	平顶山市	5
湖北省	襄樊市	荆门市	武汉市、宜昌市	鄂州市	5
湖南省		岳阳市	长沙市、株洲市、湘潭市		4
广东省		深圳市	东莞市		2
广西省		北海市	玉林市		2
海南省		三亚市		海口市	2
重庆市		铜梁县	南川区、永川区		3
四川省	绵阳市	德阳市	自贡市、双流县		4
贵州省		清镇市			1
云南省		曲靖市	玉溪市		2
陕西省	西安市	榆林市	宝鸡市、延安市	咸阳市	5
甘肃省	张掖市	敦煌市	武威市	庆阳市	4

续表 2-1

省、自治区、直辖市	“十五”期间试点	第二批试点	第三批试点	第四批试点	试点数量
西 藏		日喀则地区			1
青海省		西宁市	格尔木市	德令哈市	3
宁 夏	宁夏				1
新 疆		哈密地区	乌鲁木齐市	吐鲁番地区	3
新疆建设兵团		五家渠市	阿拉尔市	石河子市	3
合计	12	30	40	18	100

表 2-2　全国节水型社会建设试点水资源条件和经济发展水平组合分类

缺发区	缺欠区	平发区	平欠区	丰发区	丰欠区
天津市	大兴区	包头市	宁夏区	本溪市	萍乡市
海淀区	邯郸市	鄂尔多斯市	莆田市	延吉市	景德镇
怀柔区	桃城区	呼和浩特市	海口市	哈尔滨市	襄樊市
廊坊市	侯马市	辽阳市	自贡市	浦东新区	荆门市
石家庄市	四平市	长春市	清镇市	青浦区	岳阳市
太原市	淮北市	余姚市	宝鸡市	金山区	北海市
晋城市	德州市	泉州市	咸阳市	张家港市	玉林市
阳泉市	安阳市	滨州市	西宁市	南京市	铜梁县
二连浩特市	平顶山市	东营市广饶县		南通市	南川区
鞍山市	张掖市	郑州市		泰州市	永川区
大连市	武威市	济源市		铜陵市	绵阳市
辽源市	庆阳市	洛阳市		南昌市	德阳市
大庆市	哈密地区	深圳市		武汉市	曲靖市

续表 2-2

缺发区	缺欠区	平发区	平欠区	丰发区	丰欠区
徐州市	吐鲁番地区	东莞市		宜昌市	日喀则地区
义乌市		双流县		鄂州市	
玉环县		西安市		长沙市	
舟山市		榆林市		湘潭市	
合肥市		延安市		株洲市	
淄博市		乌鲁木齐市		三亚市	
敦煌市		农六师五家渠市		玉溪市	
格尔木市		农一师阿拉尔市			
德令哈市					
农八师石河子市					
23	14	21	8	20	14

在试点建设的带动下,我国已经形成了河西走廊、黄河上中游能源重化工基地群、环渤海经济圈、黄淮海平原、南水北调受水区、太湖平原河网区、珠江三角洲、长株潭城市群等为典型的节水型社会示范带。节水型社会建设试点对促进我国区域战略发展和经济社会转型发挥了重要作用,为我国节水型社会建设理论体系的形成提供了丰富的实践样本。总体来看,我国以点带面、全面推进节水型社会建设的局面基本形成。

通过开展试点建设,从区域实际出发,探索形成了不同区域节水型社会建设的基本模式,如以总量控制与水量分配为特征的传统西北农业经济区节水型社会建设基本模式,以张掖市为典型;以农业－工业水权转化为特征的西北工业增长地区的节水型社会建设基本模式，以宁夏回族自治区为典型；以多水源优化配置和地下水资源保护为主体的黄淮海平原区节水型社会建设，以郑州市为例；以水资源优化配置与全过程用水管理为基本特征的沿海发达城市节水型社会建设模式，以大连市为典型；构成在自然循环和社会循环体系下宏观、中观和微观循环体系“二元三级”平原河网区节水型社会建设基本模式，以张家港市为典型；以小型水库雨水利用和联网调度为特征的海岛节水型社会建设的基本模式，以舟山市为典型，等等。

近年来，水利部先后于张掖、绵阳、大连、西安、郑州等地召开了五次大型全国节水型社会建设经验交流会、现场会等，总结了工作，交流了各地试点取得的好经验、好做法，分析了形势要求，研究部署了工作。五次会议五个台阶，试点典型示范的作用日益显著，社会认知度进一步得到了提高，有力地推进了全国节水型社会建设工作的深入开展。

第三章 我国节水型社会试点建设实践分析

节水型社会建设是一项系统工程，不仅要转变水资源开发利用方式，同时还是一场涉水生产和消费方式的变革过程，国际上也没有系统的经验可供借鉴，为此我国先从实践做起，稳步推进节水型社会建设试点工作。

第一节 试点评价指标

为了全面系统地反映节水型社会建设试点的过程和成果，总结经验，发现问题，为节水型社会建设全面纵深发展提供有益的指导，需要建立一套客观、全面、科学的节水型社会建设试点评价指标体系。指标体系要求评价依据合理、客观公正，方法具有科学性，评价结果具有可比性。指标体系既要评价节水型社会建设的结果，也要评价考核节水型社会建设的过程。

一、试点评价内容

从目前已经批复的节水型社会建设规划的内容来看，节水型社会建设包括组织动员、制度建设、节水工程建设等主要内容。相应的对节水型社会建设试点评价应该包括以下几个方面：

一是节水型社会的组织管理能力评价。节水型社会的动员组织能力、技术支持能力包括节水型社会建设的组织机构建设、节水宣传、公众参与和节水信息管理系统建设等。

二是节水管理制度体系建设评价。包括节水型社会建设的各项管理制度的制定及实施效果评价等。

三是节水工程建设完成情况评价。节水工程建设是节水型社会重要的物质基础,节水的实现在很大程度上依靠节水工程的实施。评价内容包括节水工程建设的完成情况、运行管理状况等。

四是水资源利用效率评价。是指水资源利用效率和效益,包括万元GDP取水量、工业万元增加值取水量、灌溉水有效利用系数等评价。

五是节水型社会建设的效益评价。节水型社会建设的最终目的是为经济社会可持续发展提供可靠的水资源支持和人民生活需要的良好水环境。节水型社会建设的效益评价包括经济效益评价、社会效益评价和生态效益评价。

二、评价指标选择原则

(一)全面系统原则

节水型社会建设涉及经济、社会、工程建设、环境保护等多方面因素,其评价指标体系设置要系统且全面,需要多项指标进行综合评价,组成一个完整的体系,综合地反映节水型社会建设效果。整个指标体系的建立要在不断实践的基础上逐步充实提高,既要防止朝令夕改,造成指标体系的随意性;又要经得起实践的考验,逐步增强指标体系的科学性。因此,设置评价指标时必须全面系统。同时,所有的指标是一个有机整体,符合逻辑上的一致性要求,这些指标间应既不重复,也不遗漏,各指标的评价标准设定上不应相互排斥。

(二)实用操作原则

指标体系不仅要科学客观,更要简便实用。选择指标应简单明确、容易理解,充分考虑我国用水资料实际情况,做到统计方便、易于计算和分析,能够有效地运用于实际分析。

（三）可比性原则

指标体系的指标组成、统计范围、统计口径要保持一致，并尽可能与其他地区相互衔接。在指标设计时既要考虑到不同时期纵向比较的可比性要求，又要考虑到与其他地区横向比较的可比性要求。既要参照国际上的通用指标，又要考虑我国的实际情况。

（四）相对独立性原则

指标应具有相对独立性，不应相互涵盖，以避免评价时同一因素以不同的指标评价方式重复出现。尤其在涉及社会经济发展评价指标时，应避免指标间产生多重共线性。

（五）先进性原则

节水型社会建设试点应具有较好的示范效应和对周边地区的带动效应。因此，对其评价指标应适度有较高的标准，具有一定的前瞻性。

（六）定性与定量相结合

指标体系应尽量选择可量化指标，难以量化的重要指标可以采用定性描述指标。定性指标在进行评价时也要给定其评分标准。

三、评价指标选择

我国幅员辽阔，水资源条件差别很大，东西部的经济发展水平差别也很大。因此，节水型社会建设试点的评价指标体系的设立必须要有一定的统一性，便于横向的比较评估，全面反映各试点建设的共性情况。评价指标包括节水型社会试点建设基础管理评价指标、试点的规划建设实施情况评价指标、节水综合评价指标、农业节水评价指标、工业节水评价指标、城镇生活节水评价指标、生态评价指标、经济效益和社会效益评价指标等。

（一）基础管理评价指标

节水型社会是一个综合行政、技术、工程、法规政策和公众参与的综合集成平台,其成效不仅取决于节水工程的建设,更要依赖对社会节水有效的组织、翔实的信息支持和公众的广泛参与。这些是节水型社会建设的基础条件。经过分析筛选,节水型社会试点建设的组织管理、节水基础信息建设、公众节水意识培育和试点的示范性可作为基础管理评价的代表性指标。

(二)试点的规划建设实施情况评价指标

节水型社会建设试点的规划(方案)是试点建设最终要实现的技术路线和依据,是统领试点建设各项活动的总纲领,对试点建设的成败具有举足轻重的作用。经过分析筛选,选择试点规划中的工程建设、节水管理法规制度和规划建设情况作为规划建设实施情况评价的代表性指标。

(三)节水综合评价指标

节水综合评价指标是对节水型社会建设试点进行总体描述和综合评价的指标,具有综合性和整体性特点,是节水型社会建设成效的综合表征指标,也是试点成效的最集中体现。经过分析筛选,选取最严格的水资源管理“三道红线”作为节水成效的评价指标,选取用水总量控制、入河排污总量控制、万元 GDP 取水量、计划用水率作为节水综合评价的代表性指标。

(四)农业节水评价指标

综合考虑指标的代表性和实用性,农业节水指标选取灌溉水有效利用系数、节水灌溉面积覆盖率两个评价指标。

(五)工业节水评价指标

综合考虑指标的代表性和实用性,工业节水评价指标选取工业万元增加值取水量、工业用水重复利用率等作为评价指标。

(六)城镇生活节水评价指标

综合考虑指标的代表性和实用性,城镇生活用水节水指标选取节水器具普及率、自来水管网漏损率和城市生活用水户表率等作为城镇生活节水的代表性指标。

（七）生态评价指标

综合考虑指标的代表性和实用性，生态评价指标选取水功能区水质达标率和城市废污水达标排放率作为评价指标。

（八）经济效益和社会效益评价指标

主要反映节水型社会建设对试点地区产生的直接经济效益和社会效益，综合考虑指标的代表性和实用性，选取节水经济效益占当年 GDP 的比例、节水量占年用水量的比例等作为评价指标。

第二节　试点评估验收工作实例

截至 2012 年 6 月，第一批试点完成了试点验收工作，第二批试点正在进行验收工作，第三批试点完成了中期评估，第四批试点刚开始进行试点建设。节水型社会建设试点是一项全社会参与的系统工程，试点工作涉及面广、任务重，管理任务十分艰巨。特别是作为一项新生事物，如何对其实施有效的管理和验收没有现成的经验可供借鉴。从目前实施情况来看，试点管理和验收的方式方法是在实践中不断完善的。

一、第三批试点中期评估工作

为做好第三批节水型社会建设试点中期评估工作，全国节约用水办公室2010 年印发的《关于开展节水型社会试点中期评估工作的通知》摘要如下。

（一）评估内容

节水型社会体制机制建设和运行情况，节水型社会制度建设和实行情况，节水型社会建设试点期各项目标任务进展情况，节水型社会建设试点成效和经验。

（二）评估组织形式

评估采用分组交互检查和评分的方式，各试点地区所在流域的流域机构为本次中期评估组组长单位,成员单位由相关省级水行政主管部门及部分试点地区组成。其中,试点地区跨两个及两个以上流域的,其他相关流域机构应协助评估组长单位开展有关工作。全国节约用水办公室将组织水利部水资源管理中心及专家参与评估工作。试点地区所在省(市)水利(水务)厅(局)组织相关试点地区依据节水型社会建设试点工作大纲和规划开展自评估,完成自评估报告。

(三)评估指标与标准

中期评估主要包括节水型社会体制与机制建设、制度建设与实施、试点工作进展与试点建设成效 4 个方面内容共 33 项指标(详见表 3-1)。

评估以批复的试点地区节水型社会建设工作大纲和规划为标准,采用逐项指标评分方式进行。

表 3-1　第三批全国节水型社会建设试点中期自评估得分表

评估内容	评估指标	标准分数
体制与机制建设	1. 成立节水型社会建设领导小组(2 分),实施协调联动机制(2 分),充分发挥作用(2 分)	6
	2. 分解下达各部门节水型社会建设目标任务(2 分),建立对各部门的考核机制(5 分)	7
	3. 成立节水管理机构(1 分),理顺节水管理体制(2 分)	3
	4. 实行水务一体化管理(2 分),成立水务管理机构(2 分)	4
	5. 节水型社会建设指标纳入政府年度考核指标	3
	6. 公众参与	1
	小计	24

续表 3-1

评估内容	评估指标	标准分数
制度建设与实施	1. 出台有关水资源配置、节约和保护配套法规、规章和政府文件	6
	2. 严格按照规定征、缴水资源费,水资源费使用规范	2
	3. 依法审批发放取水许可证(2 分),按规定实施建设项目水资源论证制度(2 分)	4
	4. 实行水功能区划管理	2
	5. 实行计划用水制度,定期考核	2
	6. 实行取用水、节水统计制度,按时准确报送报表	2
	7. 实行节水“三同时”制度	2
	8. 实行定额管理,开展水平衡测试工作	2
	9. 实行有利于促进节水的水价机制	2
	小计	24
试点工作进展	1. 节水型社会建设规划已经政府或有关部门批复	2
	2. 试点建设年度有计划、有指导、有总结,工作进展正常,取得可推广经验	3
	3. 每年有节水专项投入,每年有预算、结算报告	3
	4. 开展节水型企业、灌区、社区、学校等示范区建设	3
	5. 积极推广节水新技术、新工艺、新设备	2
	6. 开展水生态修复或水资源保护工作	2
	7. 开展污水处理回用、雨水、矿坑水、海水等非常规水源利用	2
	8. 工业、农业、生活服务业取用水按规定装置计量设施	2
	9. 面向社会广泛开展节水宣传教育工作	2
	小计	21

续表 3-1

评估内容	评估指标	标准分数
试点建设成效	1. 用水总量控制到预期指标(至 2010 年底,下同)得满分,否则每高 5% 扣 1 分,扣完为止	5
	2. 万元 GDP 用水量控制到预期指标得满分,否则每高 10% 扣 1 分,扣完为止	5
	3. 农田灌溉水利用系数达到预期指标得满分,否则每低 5% 扣 1 分,扣完为止	3
	4. 农业节水灌溉率达到预期指标得满分,否则每低 10% 扣 1 分,扣完为止	3
	5. 万元工业增加值用水量达到预期指标得满分,否则每高 5% 扣 1 分,扣完为止	3
	6. 工业用水重复利用率控制到预期指标得满分,否则每低 10% 扣 1 分,扣完为止	3
	7. 城镇供水管网漏损(失)率达到预期指标得满分,否则每高 10% 扣 1 分,扣完为止	3
	8. 城镇污水处理回用率达到预期指标得满分,否则每低 10% 扣 1 分,扣完为止	3
	9. 水功能区水质达标率达到预期指标得满分,否则每低 10% 扣 1 分,扣完为止	3
	小计	31
	总分	100

（四）阶段工作安排

第一阶段，各试点地区按照中期评估内容与评估指标进行自评估，并编制试点地区节水型社会建设中期评估报告，经省级水行政主管部门签署意见后，连同节水型社会建设试点工作大纲和规划，一并报送有关流域机构。

第二阶段，各流域机构组织评估组，按照评估要求，采取听取汇报、审查材料、现场考察、质询及评分的方式，对有关试点地区进行评估。各流域机构根据各试点的评估情况，组织编制评估报告并附评分表报全国节约用水办公室。具体评估时间、方式及人员安排由各流域机构另行通知。

第三阶段，全国节约用水办公室对中期评估情况进行汇总、审核，并将评估结果予以通报。

二、第二批试点验收工作

为做好第二批节水型社会建设试点的验收工作，水利部2011年印发的《关于做好第二批全国节水型社会建设试点验收工作的通知》摘要如下。

（一）验收组织形式

水利部水资源司负责组织第二批全国试点验收工作，第二批全国试点所在省（区、市）的水利（水务）厅（局）（以下简称“有关省级水行政主管部门”）承担验收的具体实施工作。

验收工作分“两步走”：一是评估。有关省级水行政主管部门商水资源司组织成立专家评估组，对试点建设情况进行评估，编写专家评估报告，提出专家评估意见。二是验收。在专家评估意见的基础上，有关省级水行政主管部门商水资源司，组织成立验收工作组，召开试点验收工作会议，验收试点工作。

（二）验收依据和内容

验收依据：申报全国节水型社会建设试点的文件，经批复的节水型社会建设试点规划、实施方案、年度工作计划等。验收内容：试点建设组织管理情况、规划方案的目标任务完成情况，试点的经验和示范推广情况。

（三）阶段工作安排

第一阶段，有关省级水行政主管部门组织成立专家评估组，赴试点地区采用听取汇报、审核资料、现场考察等方式完成专家评估报告，将专家评估报告和政府批复的试点建设规划一并报水利部水资源司。

第二阶段，有关省级水行政主管部门组织召开试点验收工作会议，进行试点验收。

（四）有关要求

（1）在专家评估和行政验收过程中，各流域机构要加强对相关试点的指导和支持。

（2）专家评估组组成不少于5人。组长由有关省级水行政主管部门水资源工作负责人或资深水资源管理专家担任，成员由熟悉试点情况的具有水资源管理及相关专业副高以上技术职称的专家担任，并包括1～2名试点所在流域的流域机构专家。

（3）有关省级水行政主管部门提出专家评估组名单后，应报水资源司，水资源司同意后方可开展评估工作。

（4）若试点尚未完成有关目标任务，可由试点城市人民政府向水利部提出延期验收的申请，应明确延期时间。

（五）专家验收评估报告提纲

专家验收评估报告包括介绍试点基本情况，专家评估的组织形式、内容和过程。

1. 试点建设情况

对照试点地区批复的规划和实施方案，全面总结试点建设以来遵循的建设指导思想、原则和总体要求，发布和实施的政策措施，在农业节水、工业节水、服务业节水和城镇生活节水以及非常规水源利用方面取得的各项进展和成效，要特别注重法规建设和各项节水基础制度建设的总结。

2. 试点建设组织管理情况评估

对试点建设的组织管理情况进行评估，包括试点节水型社会建设工作领导小组和节约用水办公室等组织机构建设情况、规划和实施方案批复情况、试点目标责任考核实施情况、试点资金投入保障情况，以及地方政府对试点建设的认识、监督与管理情况等。

3. 规划任务完成情况评估

对照试点地区批复的规划和实施方案确定的建设任务，系统评估试点期实际建设情况，既要体现全面评估，又要突出重点。在全面涵盖建设任务的前提下，评估可以按照节水型社会建设的"四大体系"划分，也可以根据实际情况创新提出其他划分体系。规划所确定的重点建设任务必须要完成，对未完成任务的原因要进行说明与分析。

4. 试点建设目标实现情况评估

对照试点地区批复的规划和实施方案确定的目标，系统评估试点期指标的目标实现情况。要通过图表等形式，全面对比试点建设前后的指标值变化。定性目标要有翔实的资料作支撑，并作相关说明；定量目标要以中国水资源公报和各省级水资源公报为基本依据，进行科学统计和测算，有关涉及经济量的用水指标比较必须折合成可变价。规划确定的重要指标必须进行详细说明，主要包括万元 GDP 用水量、农田灌溉水有效利用系数、万元工业增加值取水量、工业水重复利用率、节水器具普及率、城市供水管网漏失率、水功能区达标率等，对未达到预期目标值的指标要进行专门说明。

5. 试点取得经验和推广应用情况评估

全面总结试点地区节水型社会建设好的做法与经验，包括具体的政策措施，以及对节水型社会建设有示范和启示意义的经验。

试点经验要高度概括，提炼成理论层面的表述，要注重创新性、实践性和实用性。要对经验在试点地区和其他地区的应用情况进行评估，同时对经验推广的适用基础进行分析。

6. 试点综合评估意见

在各项评估的基础上，总结概括试点建设的成效和经验，明确提出专家评估组意见。根据试点建设目标和任务实现情况，评估结论可分为“圆满完成”、“基本完成”和“未能完成”，被评为“未能完成”的试点将视为不具备验收条件。

7. 试点建设存在的问题

在对试点规划任务完成和目标实现情况进行综合评估的基础上，全面剖析试点建设以来一直有待解决的问题和困难，以及建设过程中新出现的问题和困难，主要从体制、机制、制度、工程技术和资金投入等方面分析。

8. 关于进一步推进试点节水型社会建设的建议

在全面分析试点建设存在问题的基础上，面向试点地区经济社会可持续发展需求，结合国家节水型社会建设的形势和要求，分析今后一个时期特别是“十二五”时期节水型社会建设的方向和重点，并提出试点结束后进一步推动节水型社会建设工作的具体建议。

第三节　第一批试点经验总结

试点经验总结的好坏、经验是否具有推广价值是评判试点建设成效的重要标准之一，汇总、提炼和总结已完成试点建设所取得的实际经验，形成我国节水型社会建设试点工作的阶段性总结，并及时应用于指导今后一个时期试点建设和面上节水型社会建设的实践，实现从“试点探索—区域带动—面上推动”的转化。

一、甘肃省张掖市的经验总结

作为全国第一个节水型社会建设试点，经过几年实践，张掖不仅积累了许多建设经验，同时给予了我们多方面的启示。总结数年来张掖试点建设的实践，可以总结出十方面的基本经验。

（一）节水型社会建设必须坚持以政府为主导

由于水在国民经济建设和生态环境保护中具有十分重要的作用，政府在供水配水、水资源管理、经济结构调整、制度建设与执行监督等一系列重要水事活动中具有不可替代的角色，因此节水型社会建设必须坚持以政府为主导。实践证明，张掖市政府的高度重视和坚强领导是区域节水型社会建设试点建设重要的组织保障。

（二）坚持以水权理论指导节水型社会建设

张掖节水型社会建设一条成功的经验就是通过农业水权制度的建立来促进农业用水效率的提高，具体可以以初始用水权的明晰和逐级分配作为节水型社会建设工作的切入点。

（三）围绕总量控制和定额管理开展制度体系建设

通过总量控制制度的设计与执行将水资源开发利用控制在水资源承载能力范围以内，同时维系水权公平；通过定额管理制度的设计与执行来提高水资源利用效率，二者结合并行实施来共同保障生态环境和国民经济两大系统的可持续运行。

（四）经济结构战略调整是实现节水增效“双赢”的根本途径

在用水总量约束下，转变原有经济增长方式，优化调整经济结构，实现内涵式挖潜，将区域节水、增效和增收有机地统一起来，促进经济社会的全面协调可持续发展。

（五）水资源统一管理是节水型社会建设必要的体制保障

张掖在节水型社会建设初期，就着力改革不同形态水资源、城乡与行业用水以及各类涉水事务分割管理的体制，推行水资源与水务统一管理,事实证明,这是节水型社会建设必要的体制保障。

(六)"用水者协会+水票"是践行水权理论的一种有效形式

张掖在节水型社会建设实践中,不仅全面推进以农民用水者协会为主的公众参与组织形式,而且创新地实施了水票运行形式,将水票作为水权的分配、流转和交易的综合载体,不仅实现了政府所有权向用水户使用权的有效转让,同时使用水户使用权和经营权得以确立和体现。

(七)水管理设施与节水工程技术体系建设是节水型社会建设的重要内容

水管理设施是落实水管理制度必要的硬件基础,工程技术节水是用水过程节水的基本内容,因此节水型社会建设在加强制度建设和经济结构调整的同时,也要同步配套完善水管理设施与节水工程技术体系,不可偏废。

(八)节水型灌区是灌溉农业经济区建设社会主义新农村的抓手

国家社会主义新农村建设的要求包括"生产发展、生活宽裕、乡风文明、村容整洁、管理民主"五个方面。从张掖试点实践经验情况来看,节水型灌区建设能够有效促进农村的生产发展、生活宽裕、乡风文明和管理民主,因此在灌溉农业经济区应将节水型社会建设与社会主义新农村建设工作有机结合起来,互相促进。

(九)增强公众意识是节水型社会建设中一项长期而必须的任务

张掖在节水型试点建设的全过程中,都高度重视公众认识与意识的提高,一方面促进公众的自律用水和参与节水型社会建设,另一方面为制度性节水奠定认知基础。事实证明,增强公众意识是节水型社会建设中一项艰巨的但又必须长期坚持的任务。

(十)分步实施的方式有利于切实推进试点建设工作

作为全国首个试点,张掖采取了以点带面、分类指导、区域实施、全面推进的组织方式，在典型区和典型做法上开展先期探索，实践证明，这种组织和推进方式是行之有效的。

张掖市是我国第一个节水型社会建设试点，探索解决了节水型社会建设初期面临的一系列关键性认知问题，通过实践初步回答了"要不要和能不能建设节水型社会"、"什么是节水型社会"以及"如何建设节水型社会"等三大问题，开启了节水型社会建设事业。

二、四川省绵阳市的经验总结

绵阳从定额管理、价格调控、数字调度、节水减污、人水和谐入手，初步建立了以定额管理和经济调节为核心，增效和减排相结合的水资源管理制度体系；以发展高科技产业为龙头，以人水和谐的现代区域经济体系和以信息化建设为切入点，与高效用水和安全用水相适应的工程技术体系。实现了用水效率和效益大幅提高，水生态与水环境显著改善，用水安全达到了保障的目标，经济社会进入了科学发展的轨道。

（一）水资源相对丰富地区也要建设节水型社会

无论是水资源短缺的地区还是水资源丰富的地区，都需要建设节水型社会，提高水资源的利用效率和效益。这是因为：粗放的用水方式是粗放的经济增长方式的表现，节水型社会建设可以推动产业结构调整，促进经济增长方式转变，降低发展成本。丰水地区的水资源丰富是相对的，就全国而言，水资源是宏观稀缺的，任何地方都没有浪费水资源的权力。绵阳对此有深刻的警醒，他们建设节水型社会的动力主要来自于对科学发展观的把握。作为西部经济成长最快的城市之一，绵阳应把水资源优势转化为经济社会发展和生态环境的优势，尽量避免走高消耗、大污染的老路。

（二）以用水定额为基础的水权制度建设是水资源相对丰富地区节水型社会建设的核心内容

明晰水权、建立以水权管理为核心的水资源管理制度体系，是节水型社会建设的关键环节。对于水资源紧缺地区，受制于水资源可利用总量的束缚，用水户和区域的用水指标主要受当地用水总量控制的约束。对于水资源相对丰富地区，鉴于水资源可利用量的约束力不强，促进用水效率与效益的提高就要更多地依靠用水定额管理。用水定额是衡量各行业节水水平的重要依据，丰水地区通过严格控制各行业用水定额，并按照用水定额来确定用水户的用水指标；对区域通过严格控制区域综合用水定额，确定区域用水指标。因此，水资源相对丰富地区用水户和区域的用水指标主要通过用水定额来约束，并通过不断提高用水定额水平来提高全社会的用水效率与效益。绵阳的做法是：对生产单位，按照与其对应产品（服务）的用水定额以及生产量，核算用水户的用水指标；对居民生活用水，按照对应的生活定额考核用水户用水指标；对各区域，按照区域综合用水定额和经济社会发展情况明确各区域用水指标。这与张掖的做法是不同的，张掖主要是通过总量控制用水指标，绵阳则主要是通过定额控制用水指标。但两者的目的都是促进高效用水。

（三）充分发挥水价的调节作用是水资源相对丰富地区形成节水机制的关键

缺水地区受制于水资源可利用总量的约束，完成初始水权分配后不可能再增加新的水权指标，新用水户或者已有用水户因扩大生产而需要的水权指标只能在水市场上获得，因此经济手段的应用主要体现在水市场方面；对于水资源相对丰富地区，还有相当的可利用水资源量可供分配，水市场很难培育。绵阳的经验主要是充分发挥水价的调节作用，自实行超定额累进加价制度以来，不少企业开始重视节水工作。

（四）水资源相对丰富地区节水型社会建设必须坚持节水与防污相结合

目前，我国南方很多水资源相对丰富地区已经出现了水质型缺水的问题，因此一定要把节水和防污结合起来，要统筹考虑水资源承载能力和水环境承载能力。绵阳市主要采取了两个措施：一是统筹考虑用水总量控制与排污总量控制。制定了主要河流的最低生态流量，划定了水功能区，明确了各功能区纳污能力，核定并严格控制主要排污口水质与水量。发布了《绵阳市主要行业排污定额》，通过综合考虑用水与排污的关系，将排污量控制指标作为确定用水总量控制指标的重要参考，对排污大户采取更加严格的用水定额管理。一个企业同时具有用水和排污两套指标的制约，超用了指标就要实行经济惩罚，促进企业同时考虑节水和污水治理。二是将供水水利工程与生态水利工程结合起来。沟通了主要水系，实施了生态调水工程，形成了一个水资源调配网络，过去只为灌溉而建的灌溉工程通过改造，而今同时具有了防洪、排涝、供水和增加生态流量的功能，将供水工程同生态工程科学地结合起来，具有了综合功能。

（五）提高公众节水意识对水资源相对丰富地区节水型社会建设尤为重要

生活在丰水地区的人们往往由于感受不到缺水的压力，节水意识更加淡薄，因此提高公众意识对水资源相对丰富地区节水型社会建设尤为重要。绵阳市通过五个方面的工作有效地提高了全社会的节水意识：一是全民动员，广泛开展宣传教育；二是建设节水示范点，创建节水型灌区、节水型企业、节水型社区等，通过实例予以引导；三是抓住水价改革的契机，通过举办水价听证会，在推进决策民主化进程的同时使公众充分认识到了节水型社会建设的重大意义；四是通过用水户协会的形式，促进广大群众参与水管理，深刻认识节水型社会建设的必要性；五是鼓励社会公众参与节水监督,公布了节水举报电话,开设了节水型社会建设监督举报网站。这些措施有效地提高了市民的节水意识,赢得了全社会对节水型社会建设的支持。

三、辽宁省大连市的经验总结

大连带有鲜明创新和务实特色的实践经验将为其他类型地区提供诸多借鉴与启示,在全国节水型社会建设进程中具有十分重要的示范意义。总的来说,大连试点主要取得了以下六方面的重要经验和启示。

(一)建设节水型社会是传统节水基础较好地区进一步提高水资源利用效率和效益的根本途径

大连市面向地方实际,大胆创新实践,将节水的定位从传统的工程技术问题提高至经济社会发展的战略层面上来,将节水的视野从微观用水效率的提高拓展到宏观的资源配置和产业结构调整上来,将节水的对象从传统的用水末端控制发展为水资源开发利用的全过程管理上来,将节水的重点从传统的工程建设和技术推广转为制度建设与综合管理上来,将节水的推动力在传统的行政主导基础上积极引入经济调节手段和公众参与,将节水的覆盖面由过去的以城区为重点延伸到农村和生态领域中来。大连市试点实践证明,节水型社会建设在不同的经济社会发展阶段和用水水平下有着不同的内涵与内容,在传统节水基础较好的地区,节水型社会建设也大有可为。结合张掖等其他试点经验可以得出,建设节水型社会是不同类型地区、不同用水阶段提高水资源利用效率和效益的根本途径。

(二)建设节水型社会必须立足于区域水资源整体优化配置

节水型社会建设是一项庞杂的系统工程,能否全面科学统筹各项水资源调控措施是影响其建设绩效的关键。以供需平衡为核心的水资源配置在供给端协调区内挖潜、非常规水源利用、地下水保护甚至于跨流域调水等各项调配措施，在需求端协调用水结构调整、各行业节水等措施，并能综合考虑各类工程、经济、政策等调控措施的影响，因此水资源的整体科学配置是全面建设节水型社会的基础平台。大连市在试点过程之初就开展了区域水资源的优化配置，为全面建设节水型社会提供了整体框架和基础，取得了很好的实施效果。总的来说，有四方面经验特别值得借鉴：一是实行了全口径水资源统一配置；二是实现了城乡水资源的统一配置；三是实现了不同行业之间的用水综合配置；四是实现了水资源开发利用与生态环境保护的统一配置。大连市在通过实施科学的汛期水位控制调度促进洪水资源化的同时，大幅度压缩城区超采城市超采区地下水取用量，将再生水配置回用于生态景观用水，并积极开展水源涵养和小流域综合治理。

（三）建设节水型社会必须强化水资源开发利用全过程管理

大连市由于传统用户末端的节水基础较好，试点建设期间从提高社会水循环整体效率出发，强化了水资源开发利用全过程以及关键节点的科学管理，具体包括五个环节：一是在社会水循环的初始端，加强了水源的科学调度，提高了径流性水资源的利用率；二是在公共供水制水过程中，采用了先进工艺，实现了供水企业反冲洗水进行处理与利用，实现了供水企业的零排放，大大地降低了制水损失率；三是在输水环节，在注重公共供水管网改造的同时，也加强了居民室内用水管网改造，并将传统的分散式的二次供水管理模式改为集中式管理，全面提高了输水效率；四是在用水环节，对卫生洁具实行了市场准入制度，积极推广新式水表，同时大力开展用水工艺改造，不断提高工业用水重复利用率和间接冷却水循环利用率；五是排水环节，通过工程、经济和技术政策实施，促进污水集中处理回用和中水利用。此外，大连市加大海水直接利用量和海水淡化量，通过利用海水替代实现淡水的节约。可以看出，大连市节水是一种基于水循环各个环节的全过程综合节水，水资源利用的整体效率因此得到了明显提高。

(四)水权理论同样适用于指导城市地区节水型社会建设实践

大连市在试点建设过程中,充分借鉴张掖试点经验,同时立足自身经济较发达、城市化程度较高的区情,对水权制度建设实践模式进行了大胆探索,创新建立了城市取用水权制度,有效地促进了城市用水的总量控制。大连市城市用水权制度建设主要包括四部分内容:一是在区域水资源的统一配置框架下,通过水源功能定位确定城市允许用水总量,包括一次性淡水和再生水两项指标;二是以定额为基础实现城市用水权分配,以《取水许可证》和《用水指标证》为配给载体,以基于定额指标的取水许可审批来约束自备水源用户的取水量,以基于定额标准的用水指标核定来约束自来水用户的用水量;三是对一次性淡水水权不能满足需求的用户,补充配置再生水权;四是充分引入经济调节手段促进用水权制度的实施。针对城市用水户众多、水权精细化管理成本过高的问题,通过对用水户征收城市供水增容费,实现了用水权有偿占有,从而将用水户排他占有水权的外部性成本内化,促使用水户在申请用水权指标和节水之间进行权衡,不仅解决了政府与大量用水户之间信息不对称所带来的政府“失效”或“失灵”的问题,而且促进了水资源的科学配置和高效利用。

(五)水务一体化管理体制是建设节水型社会的重要组织保障

早在2002年初,大连市就成立水务局,将原水利局职能、公用事业管理局的城市供水管理职能、地矿部门的地下水管理职能划归水务局,实现了涉水事务的一体化管理。试点期间,大连市进一步深化水务管理体制改革,重点推进多种水源统一配置和城乡水务统一管理的体制化保障,有效地保障了水资源整体配置和系统节约目标的实现。具体来说,大连市由于实现了多种水资源统一管理，才能将地表水的科学调度、地下水资源的合理保护和非常规水源的充分利用统一协调起来，有效履行政府资源管理和公共服务职能；由于具备了社会水循环全过程的统一管理体制，才能在水资源统一规划配置的框架下，实现了防洪与水资源调度的统一协调，企业供水与用户节水这一非合作关系的统一协调，一次性供水价格和再生水价格的统一协调，淡水和海水利用空间格局的统一协调；由于建立了城乡涉水事务的一体化管理体制，实现了城市与农村之间的水量统一调度，实现了分散的农业雨水集蓄利用与城市和灌区集中供水的统一调配，不仅提高了城市供水和农村人饮水安全的保障程度，也使得丰水期水资源能够得到有效利用，枯水期农业用水被城市挤占时得到合理的利益补偿。大连试点成功的经验表明，建立符合水循环规律的城乡水务一体化管理体制是全面建设节水型社会重要的组织保障。

（六）节水型单元载体建设是节水型社会建设的落脚点和抓手

大连市在试点建设期间，将各类单元载体建设作为推进节水型社会建设的抓手，具体实践有四方面的经验可供借鉴：一是必须高度重视水平衡测试等基础性工作，为科学评估和摸清各行业单元载体现状用水水平、确定节水重点和方向提供依据；二是要科学制定节水型单元载体的技术指标及其标准，以便为各行业单元载体建设提供有效的度量和阶段性目标；三是大力推进节水型载体单元的创建活动，并配套出台相关的奖励与激励政策，以有效地促进各行业载体单元的建设；四是要积极营造单元载体节水文化环境氛围，这将有助于推进载体建设的步伐，大连石化公司等水文化和水文明的单元典型的涌现就是例证。通过各类载体和单元的建设，不仅促进了节水型社会建设在社会层面的可视化，实现了节水型社会建设总目标的社会化分担，还大大提高了公众节水型社会建设的参与程度。

四、陕西省西安市的经验总结

（1）以水资源承载能力为主线，全面提升全社会的水资源节水意识，牢固树立水资源是西安市国民经济和社会发展的核心要素的思想。

水资源是基础性的自然资源和战略性的经济资源，是生态与环境的控制性要素，是经济社会发展的重要物质基础。西安市在水资源十分有限的情况下，水资源开发利用程度已经超过了80%。用水资源总量为26亿m^3，在西部地区支撑起1 000多万人口的特大城市，其主要经验是始终以水资源承载能力为主线，统筹协调经济社会发展与水资源承载能力的关系，加大经济结构和产业结构的调整，不断优化产业布局，通过政府全面主导、部门联手共建、公众广泛参与，全面提升了全社会的水资源节水意识，在更高的层次上推进了节水型社会建设。通过舆论宣传的持久深入、广大公众的积极参与、经济杠杆的有力调节和水资源高效利用模式的全面推广，全社会牢固树立了水资源是国民经济发展的核心要素的思想，始终不忘水资源的有限性，使水资源的使用效益和效率不断提高，确保了西安市国民经济和社会的可持续发展。

（2）紧紧抓住总量控制、定额管理这个中心，认真贯彻水量分配方案，把水量分配到各级政府部门，把节水指标纳入政府考核范围。

在节水实践中，西安市紧紧抓住总量控制、定额管理这个中心，认真执行水量分配、计划用水和节约用水，将用水指标下达到用水户，对用水户按定额标准进行考核，明确了责任部门和用水户的职责，采取签订单位目标责任书和定期召开联席会议的方式，检查和监督目标任务完成情况，并将目标任务完成情况作为主要评分因子纳入全市目标考评体系，通过政府推动、区县联动、部门共建、逐级落实，调动了各级政府、各部门开展试点工作的积极性和主动性，极大地激发了相关部门的工作创造性，有力地推进了节水工作的全面开展，形成了务实、高效的节水建设管理运行机制。

（3）积极开展体制创新、制度建设，建立起了较为完备的制度建设体系。

通过试点，西安市深深地体会到，分级分部门“多龙”管理水资源的旧有体制，造成了取水、供水、用水、管水的混乱无序，也直接影响了节水工作的整体推进，使总量控制和定额管理等节水制度和措施无法真正落实到位。特大型城市开展节水型社会建设，必须在体制上寻求突破，要结合政府机构改革，打破取水、供水、用水、水污染治理职能分割的管理体制和格局，赋予水行政管理部门对涉水事务统一管理的职能和权力，逐步建立职责明确、分级负责、运转协调、行为规范的水管理机制。只有实现了“一龙管水”的转变，才能实现对水资源的有效调控和优化配置，才能保证水权明晰、总量控制、定额管理、用水结构调整等各项制度和措施得到有效贯彻与落实，才能把节水型社会建设稳定、有序地不断推向前进。

五、江苏省张家港市的经验总结

（一）节水型社会建设目标要与当地经济社会发展战略目标相衔接

节水型社会建设目标必须与当地经济社会发展战略紧密结合。张家港市委、市政府将节水型社会建设工作作为全面建设“协调张家港”的重要支撑工程和促进经济、社会与生态环境的协调可持续发展战略保障与重要举措，取得了预期的效果。

（二）经济发达的河网地区节水型社会建设是探索建设节水防污型社会建设的有效模式

在张家港市节水型社会建设过程中，针对经济发达的丰水河网地区水环境容量紧缺的特点，围绕“控制排量、减少存量、增加容量”,致力于提高水资源、水环境承载能力。一是通过节水减排、清洁生产等减污措施和污水处理等治污措施,控制(入河污染)排量;二是通过河道生态清淤、水体生态修复等措施,减少(河流内源污染)存量;三是通过建立循环水系、拆坝建桥、引江调度、增水促动等措施,增加(水环境)容量,支撑经济社会的可持续发展,为平原河网等丰水地区提供了范例。

(三)“二元三级”区域水循环模式是当地节水型社会建设的实践总结

张家港市创新性地提出了探索构建“二元三级”(“自然－社会”二元、“宏观－中观－微观”三级)为构架的区域水循环体系和节水防污型社会建设模式,在自然水循环方面,主要是构建市、镇、村三级河道相匹配的水循环体系,即优化市级骨干河道布局、引排分开、“引江”调度、有序流动,沟通镇级河网,实现互相连接;实施村组河道拆坝建桥,改善水系末梢微循环,逐步构建起“三大水循环体系”。在社会用水循环方面,主要是点、线、面结合,构建单元用水、行业用水和区域用水三级用水循环体系,即建设节水型企业,促进用水单元的循环利用;开展八大行业节水行动,推进行业循环用水;推进保税区工业园区再生水回用和“零排放”工程建设,实现区域水循环利用。

(四)“以电核量、定额考核、以工补农”是平原河网区农业节水的有效机制

平原河网区农业以水稻种植为主,农业用水比例较大。水稻灌溉中还存在着田块小且分散、流动泵站多,传统的计量方式难以实施,以及水肥流失造成的面源污染影响水环境等问题。此外,江苏省免收农业生产、生活水资源费,农业水费也基本暂停征收,农业节水缺少约束机制。基于这种现状,张家港市通过成立村水管员节水灌溉考核管理小组,在灌溉期间实施自主管理,灌溉用电量作为计量灌溉水量的原始凭证,亩均定额作为考核灌溉水量的依据，在工业水费中安排部分奖励资金，实施“以工补农”，对水量节约的水管员实施奖励，建立了平原河网区的农业节水激励机制，取得了节约用水、降低成本、保产减排的成效。

（五）丰水地区应该把减少入河污染量作为工业节水的重要任务

张家港市通过大力推进“八大行业节水行动”，提高了工业用水效率，节约了工业用水消耗，更重要的是减少了污水的产生量和入河污染物的排放量。一是企业以推进循环用水、污水深度处理和废水再生回用为手段，提高了水的重复利用率，减少了入河污水排放量；二是工业园区以厂际串联用水、污水集中处理和中水利用为手段，也减少了入河污染量，并不断追求“零排放”，为经济社会可持续发展腾出了更大的水环境容量空间，探索了丰水地区节水防污的有效途径。

（六）四大载体建设是推进节水型社会建设的有效抓手

载体建设是节水型社会建设的有效抓手，通过载体建设的带动，可以推动整个行业，甚至整个社会全面推进节水防污行动的有效开展。张家港市在节水型社会建设中十分重视“节水型企业”、“节水型灌区（农业示范点）”、“节水型单位（学校）”及“节水型社区”四大载体的建设力度，采用“以奖代补”的形式扶持用水户参与创建活动，成功地培育了大量的节水典型，并通过典型示范，有效地推进了重点示范工程建设。在此基础上，以点带面，点面结合，有效地推进了全市节水型社会的建设进程。

（七）技术创新、稳定投入是节水型社会建设的重要支撑

一是以技术创新作为支撑。张家港市大力推广应用先进的治水科技成果，工业方面，采用大量的先进适用的节水与治污技术，如沙钢集团等多项节水技改成果获国家及省级以上科技进步奖。工业园区建设了中水回用系统，高标准建设化工园区“零排放”工程。农业方面，开展节水灌溉管理和奖励机制试点研究，为南方河网区实施节水灌溉管理提供了示范。生态修复方面,“城市静态水体生态修复技术研究与示范”项目获得了省水利科技成果二等奖。水安全保障方面,饮用水源地水质安全预警系统获得了省水利科技成果一等奖。水资源管理、保护、水资源信息系统建设等多项成果先后获得了水利部大禹奖二等奖和江苏省水利科技成果奖,为节水型社会试点建设提供了有力的技术支撑。二是以稳定的资金投入作为保障。多年来,张家港市将水资源费和水费收入,除完成上缴省级任务外,全部用于当地的水资源管理、保护、水政执法的支出,为水资源管理和保护职能的创新及工作的发展提供了稳定的资金保障。尤其是节水型社会建设试点开展以来,又在节水型社会专题研究和节水奖励方面投入了大量的经费。同时,积极争取到了省部级经费的支持和企业及其他部门资金的大量支持,多方资金的投入是节水型社会建设卓有成效的资金保障。

六、南水北调东中线规划区六城市的经验总结

南水北调东中线规划区有6个节水型社会建设试点城市(天津市、河南省郑州市、山东省淄博市、河北省廊坊市、江苏省徐州市、湖北省襄樊市),通过实践探索,除实现试点地区自身高效用水等建设目标外,还整体形成六个方面的系统经验,内容全面、特色突出、操作性强,为进一步推动南水北调东、中线规划区节水型社会建设提供了有益的指导和借鉴。

(一)水资源综合优化配置是该地区节水型社会建设的根本任务

南水北调受水区水资源自然禀赋不好,且水源系统一般都较为复杂,节水型社会建设要建立在水资源综合配置的基础上。基于对区域水情的认识,各试点将促进水资源优化配置作为节水型社会建设的首要任务,努力实现经济与生态、城市与农村以及不同水源之间的合理调配,取得了很好的经验。总体而言,试点在水资

源配置方面的主要经验是,严格保护地下水和保障基本的生态用水,科学用好当地地表水和外引水,充分挖掘非常规水利用潜力,大力推行分质配水,促进城市与农村用水的联合调配,实现水资源的整体优化配置。如天津市制定了水资源综合规划、再生水利用和海水淡化产业发展规划,严格控制地下水开采,明确引滦水用于城市生活和工业生产,本地水和入境水用于农业生产,再生水用于工农业和生态,淡化海水用于电子等高品质用水行业,海水直接用于滨海新区工业循环冷却和工厂化养殖等行业,搭建起多水源优化配置平台;郑州市在山区农村积极开展集雨节灌,工矿企业发展循环用水和矿坑水利用,东部平原地区严格保护地下水,科学利用黄河水,大力推进再生水回用于工业和生态,积极开展城市雨水利用试点;淄博市按照"构建水网,完善水系,综合用水"的思路,合理配置大武水源地地下水、黄河水、当地地表水、再生水等多种水源;廊坊市围绕地下水压采工作,扩大雨水收集和微咸水利用,积极开展污水集中处理回用和中水利用,并在有条件的乡村开展了污水再利用示范项目。

(二)该地区节水型社会建设必须立足于经济社会与水资源的系统协调

通过实践探索,试点地区通过三方面措施实现了经济社会和水资源系统的协调:一是建立适水型的区域经济结构与产业布局,如天津市实施战略东移,打造滨海新区产业带,以充分利用海水资源;郑州市在钢铁行业全部淘汰了碳化室高度小于4.3 m的焦炉,煤炭行业进一步加大了煤炭资源整合力度,实现了集约化、规模化开采,火电行业加快了推进煤电转化,积极发展热电联产、热电冷联产、热电气联产,改造了冷却水循环系统;徐州市积极研究制定高新技术产业倾斜政策,大力引进了一批技术含量高、项目质量好、产品市场广的高新技术产业项目,打造少水、无水经济。二是完善区域合理高效用水的供水保障体系。如天津市努力构建引滦水和地下水、雨洪水、海水统筹配置的滨海新区水安全保障体系；淄博市启动实施城乡同源同网饮水安全及“引太入张”供水工程，实现了中心城区太河水、大武水、黄河水多水源保障等；徐州市以南水北调为契机，扩大了自身调引境外水能力，提高了水资源安全保障程度，同时置换了一部分超采的地下水。三是通过水资源开发利用方式转变促进经济发展方式的转型。淄博市实施“碧水蓝天行动计划”，通过提高节能减排标准，通过耗水和耗能指标形成工业的倒逼机制；郑州市通过加快节约型社会建设、发展循环经济，积极开展“双百”工程，实现了“以节水减排促进产业升级转型，以产业升级转型实现节水减排”的良性循环。

（三）该地区的节水必须着眼于社会水循环系统效率的提高

受实践驱动，南水北调东中线规划区长期注重节水工作，传统的节水基础较好，本次综合试点经验表明，对于这样的地区，用水效率的提高不能局限于单个环节，必须着眼于社会水循环的取水、输水、用水、耗水、排水、回用的全过程，强化 ET 管理。如淄博市以桓台县为典型创建了具有区域特色的农业综合节水模式，包括取水端实行 IC 卡控制，配水过程采取管道输水，用水过程采取面向作物生长期需求的灌溉制度和喷微灌节水技术，田间的秸秆覆盖保墒减少蒸腾发量，以及作物品种改良实现源头节水，系统地提高了农业用水效率；廊坊市在城市水循环系统中，通过开征自来水水资源费减少取用水量，通过自来水厂自用水再生利用减少制水过程损失，通过管网改造降低输水过程的损失，通过价格杠杆调节降低用水需求量，通过再生水回用提高循环效率，通过雨水和苦咸水等非常规水加大利用降低一次性水资源取用量，从而实现了社会水循环的全过程节水。

（四）该地区节水型社会建设要将解决突出的水生态与环境问题放在重要位置

规划区内受用水强竞争的影响，地下水超采和水生态环境退化的问题十分严重，试点探索实践表明，这一地区的节水型社会建设要着力解决区域突出的水生态与环境问题，重点包括两方面的内容：一是缓解地下水严重超采状况。在地下水压采方面，试点地区探索了一系列好的做法，包括开展地下水资源评价，计算允许开采量和现状超采量；开展地下水功能区划，制定不同分区的差别化管理政策；普及地下水取水计量，严格地下水机井管理；采取行政管理和经济调控双重措施，减少地下水开采量；做好替代水源建设，协调资源保护和经济发展。试点期间，天津市通过封存机井实现压采地下水，全市地面沉降呈明显减缓趋势；廊坊市强化地下水开采利用的审批管理制度，严格超采区内的自备井管理，实施分批关停制度，城区地下水漏斗中心水位埋深已有明显回升。二是切实做好南水北调输水干线的水污染防治。徐州市推行清洁生产，实现源头减污、整治甚至关闭污染源，加大截污力度，对废污水进行收集、处理、回用，剩余尾水经湿地处理后导流入海，确保东线南水北调出省调水水质；襄樊市通过启动三大污水处理工程，实施截污导流和加强入河排污口管理，推行农村生活污水收集和治理，切实保障了南水北调中线工程的水质安全。

（五）该地区节水型社会建设的核心是构建起最严格的综合管理体系

试点综合经验表明，南水北调规划区由于其问题的严重性和复杂性，节水型社会建设的核心是要构建起最严格的用水和节水综合管理体系。基于这一点认识，各地区在试点期间出台了一批节约用水的专项地方法律，构建并不断完善了以总量控制和定额管理为核心的制度体系：完善用水计量、水情监测等管理基础设施，建设用水节约信息管理系统，落实管理目标责任制和监督机制，深化水价、水资源费等经济调控措施改革，综合运用法律、行政、工程、经济、科技等措施和手段，全面推进节水型社会建设，如天津市出台了专项节水条例，制定了水资源配置和总量控制方案，完善了取水许可、水资源论证、计划用水、节水“三同时”等一系列制度，推进了节水和非常规水源利用工程建设，加强了水资源信息监测网络基础管理设施建设，深化了城乡水价改革，加强了水资源费征收及管理力度，提升了管理主体的管理能力，通过各项措施综合效应的发挥，促进了区域水资源利用效率的再提高。

（六）该地区节水型社会建设要更加强调全社会共建机制的构筑

试点经验表明，基于南水北调规划区节水型社会建设的艰巨性和紧迫性，要加快推进政府主导下的全社会共建机制的形成，主要包括三个层面的内容：一是在行政管理层面，确立政府在节水型社会建设中的主体和主导地位，加快区域涉水事务一体化管理体制的建设与改革，包括节水事务的统一管理。建立政府各相关部门的有效的合作与协调机制，形成行政管理上齐抓共建节水型社会建设的局面。二是在行业层面中，要以节水型单元载体建设为抓手，推进各行业单元管理部门和用水主题参与节水型社会建设当中。三是在社会层面，利用经济调节和宣传与教育等手段，推进全社会公众个体参与节水型社会建设。如徐州市在试点过程中，在行政管理层面，由市政府主要领导任节水型社会建设工作领导小组组长，成立县（市）、区节水型社会领导小组，形成“政府带动、县区推动、部门联动”的管理体系，将节水型社会建设纳入全市目标责任考评体系，实行年度考核和一票否决制度；在行业上，将节水型社会分解为节水型灌区、节水型企业（单位）、节水型高校、节水型社区四大单元载体，实行分类指导，分行业推进；在社会层面，深入基层开展节水文化建设，营造节约用水的良好社会氛围，取得了很好的效果。

七、宁夏回族自治区的经验总结

宁夏回族自治区立足自身的需求与实际情况，开展了分片区、分层次、分领域的节水型社会建设试点探索，形成了区域范式、行业模式和组织形式在内的节水型社会建设实践经验，为西北干旱半干旱地区节水型社会建设提供了一个相对完整的范例，特别是带有鲜明创新特色的“农业资源节水－水权有偿转让－工业高效用水”模式，更是为水资源刚性约束下的能源化工快速发展地区提供了诸多借鉴和启示，在全国节水型社会建设进程中具有十分重要的示范推广价值。总结起来，宁夏节水型社会建设试点主要取得了以下六方面的重要经验和启示。

（一）严格用水全过程管理是实现区域用水总量控制的根本性措施

宁夏经济社会供水主要依靠过境的黄河，在黄河580亿m^3来水的情况下，分配给宁夏的允许耗黄指标是40亿m^3。进入21世纪以来，黄河来水一直处于偏枯状态，宁夏引黄指标始终接近甚至超过了流域分配的年度调度指标，总量控制是宁夏节水型社会建设的重要目标。在试点建设期间，宁夏积极推进基于社会水循环全过程的水资源管理，一是将初始用水权分配至各区县、各大干渠、各支斗渠和农民用水者协会，对取水总量达到或超过配水指标的地区，暂停审批新增用水建设项目，对取水总量接近初始水权分配指标的地区，限制审批新增用水建设项目；二是根据水权分配方案，将黄河年度水量调度指标进行分解，实行在宁夏引、扬黄灌区统一调度，采取适度提前放水、细化用水单元、加大水情通报等措施，分旬下达水量调度方案，实施精细化调度，各市县精心组织，加强管理，确保灌区上下游均衡用水；三是从灌区到用水户，切实加强计划用水，科学下达用水指标，强化用水过程管理；四是对于工业企业和社区，积极推进水循环利用，提高重复利用率，有条件的实现零排放。通过严格的用水全过程管理，宁夏很好地控制了耗用水总量，实现了耗用水总量和引扬黄水量的零增长甚至是负增长，从而将引扬黄水量控制在流域批准的额度之内。

（二）整体性的水权转换对缺水地区实现工业反哺农业、发展工业化和农业现代化至关重要

在以黄河上中游的能源重化工基地为代表的我国北方许多地区，经济社会发展面临着相同的困境和瓶颈，一方面这些经济欠发达地区矿产资源禀赋优越，有工业化发展的重要基础条件；另一方面区域水资源刚性约束十分明显，现状实际耗用水量接近甚至超出了流域分配的允许耗用水指标，水资源成为区域工业化发展的重大瓶颈因素。同时，这些区域农业用水比重较高，用水效率较低，农业发展整体落后，节水潜力很大。通过优化配置水资源，提高区域水资源承载能力，为工业化提供水资源安全保障，是此类地区推进工业化战略和统筹城乡发展的关键所在。宁夏节水型社会建设在张掖等地区农民用水户之间水权转让的基础上，探索实现了以“农业资源节水－水权有偿转让－工业高效用水”为基本构架的区域节水，在更深层次、更广范围上推进了水权转换制度建设，有效地提高了区域水资源承载能力，科学地解决了工业发展面临的水资源刚性约束问题。具体做法是工业在高用水标准准入、优先利用非常规水源、严格用水定额管理的基础上，核算合理的用水需求；农业灌区通过种植结构的调整、节水工程技术的推广以及强化灌溉用水管理，实现资源层面的节水，为工业发展提供必要的水资源；通过水权转换，实施工业反哺农业，提高农业用水效率，促进农业现代化，推动水资源从低效领域向高效领域流转，实现水资源优化配置和高效利用，整体性地提高区域水资源承载能力。因此，尽管宁夏水权转换制度还存在诸多需要完善的地方，但有效实现了总量约束条件下的区域节水，为水资源严重短缺的地区提高水资源承载能力，保障工业化发展和促进农业现代化发展，探索了有效途径，提供了重要模式。

（三）西北地区建设节水型社会重在加快转变经济发展方式和产业结构战略性调整

西北干旱半干旱地区大多经济欠发达，生态环境系统脆弱，水资源禀赋差，因此西北地区节水型社会建设必须将节水与提高水资源利用效益、生态环境保护紧密地结合起来。宁夏在试点建设过程中，确立了“以水定产、以调增效”为主导的总体思路，即根据水资源承载能力确定区域产业发展方向，积极转变传统粗放的水资源利用方式，以用水方式的转变促进经济发展方式的转型。在“以水定产”的思路指导下，自治区加大三次产业结构调整的力度，加快推进新型工业化进程。针对自治区农业用水比重高、单方水产出低的情况，试点期间宁夏一方面合理确定区域灌溉面积规模，特别是水稻等高耗水作物种植面积，另一方面大力发展高附加值的经济作物，特别是在中部干旱区，严格实行用水总量控制，实行用水配额制，农户对于配额内的水精打细算，不仅注重用水效率的提高，同时切实优化调整作物种植结构，提高单方水的效益产出。宁夏试点经验表明，经济发展方式的战略转型和产业结构布局的优化调整既是西北干旱半干旱区节水型社会建设的目标，也是节水型社会建设的重要内容。

（四）全方位的组织管理模式是推进节水型社会建设的重要组织保障

作为全国第一个省级节水型社会建设试点，试点期间，宁夏形成了以自治区政府为责任主体，人大督办并积极参与，自治区节水型社会建设领导小组办公室日常负责的顶层管理模式，探索建立了全方位的组织管理形式，为全国各省推进节水型社会建设提供了有益的借鉴。在纵向上，政府将节水型社会建设的目标和任务进行逐层分解，下一级政府与上一级节水型社会建设领导小组办公室签订目标责任书，并建立年度考核制度，将节水型社会建设任务落实到各级管理和建设主体上；在横向上，宁夏出台了《关于节水型社会建设领导小组及成员单位职责分工的通知》，明确部门职责与分工，实现各部门的相互配合与联动。在节水型社会建设的基础单元上，积极推进农民用水者协会和城镇供水协会、污水处理协会等公众参与形式。这种“横到边、纵到底”的全方位组织管理模式，有效地凝聚了全社会力量，形成了宁夏节水型社会建设的强大合力。

（五）西北干旱区发展高效节水农业要因水制宜，注重种植结构调整、节水技术改造和灌溉用水管理

宁夏在自然地理上，北部引黄灌区、中部干旱扬黄区和南部丘陵山区三大分区特征明显，水资源条件各异。试点期间，宁夏根据三大区域各自的水资源特点，确立了分区治水的思路。在北部引黄灌区，加大灌区节水改造和农田水利基本建设力度，加快中低产田改造，调整农业种植结构，大力推广节水灌溉技术；在中部干旱区，围绕发展旱作高效节水农业，全面推广节水灌溉，实施高效节水补灌工程，提高扬水灌区效益，有效解决中部干旱带农业用水难题；在南部丘陵山区，围绕发展生态高效节水农业，加快库井灌区节水改造，大力发展特色设施农业，加快水土保持生态工程、雨洪水集蓄利用工程建设投入力度，提高水资源综合利用效率和效益。综合以上三大分区节水的重点做法，建立西北干旱区高效节水农业体系的关键是要在合理控制灌溉面积的基础上调整作物种植结构，因地制宜地选择合适的途径推广节水工程和技术，全方位地加强灌溉用水管理。

（六）全方位工业节水是缺水地区建设能源重化工基地的必要条件

黄河上中游能源重化工基地是我国最为重要的能源战略区，但该区域也是我国煤炭资源与水资源最不相匹配的区域，许多地区允许的耗用水量已被开发殆尽，因此强化工业节水不仅是这一区域水资源条件的客观要求，也是建设能源重化工基地的必要条件。在试点建设期间，宁夏将建设节水型企业作为循环经济示范区建设的重点内容，在能源化工基地建设之初，坚持高起点规划、高标准建设、高水平管理和高效能运作。在宏观上，积极引导工业布局和产业结构优化，严格限制高耗水项目，发展节水型、适水型产业，同时制定并颁布先进工业用水定额标准，对已批项目开展水资源论证工作，出台了《宁夏火力发电项目建设管理办法》，落实新建涉水企业节水设施"三同时"制度。在微观上，规范企业节水管理，对老企业强化水平衡测试，完善计量管理体系，对新建企业高起点规划、高标准管理。将节水指标进行系统分解，并推行企业节水目标责任制。通过多措并举，有效地缓解了工业化带来的用水压力，促进了能源重化工基地建设。

第四节　典型试点建设模式分析

我国节水型社会以试点建设为基本形式，从点到面，不断推进，逐渐探索区域节水型社会建设模式，为其理论基础与基础理论提炼提供了实践支撑，同时通过践行验证了节水型社会建设理论对实践的科学指导意义。四平市以节水型社会建设四大体系为指导建立了"四五六"模式，张家港市构筑了"自然 - 社会"二元、"宏观 - 中观 - 微观"三级为构架的区域水循环体系，上海市着力推进节水型小区、节水型学校、节水型企业、节水型工业园区和节水型农业园区等载体建设，各自逐渐探索出具有区域特色的节水型社会建设途径，实现了高起点、高标准、高效率的建设，取得了很好的效果。

一、四平市以"四大体系"推动建设的典型模式

四平市地处松辽平原腹地，是国家重要的商品粮基地，但人均水资源量不足全国的1/4，水资源短缺制约了经济社会的快速发

展。四平市本着“立足本地实际,明确目标任务;强化组织领导,落实责任措施;广泛宣传发动,促进公众参与;夯实基础工作,突出重点难点;整合社会力量,实行齐抓共建;抓好典型示范,实施整体推进”的总体思路,确立了“四五六”节水型社会建设试点工作模式,即围绕构建“节水管理体系、经济结构体系、工程技术体系、行为规范体系”的“四大体系”,把握运用“挖掘节水潜力、增强节水能力、激发节水动力、形成共建合力、提高管水效力”的“五个核心力”,大力抓好“组织建设、制度建设、项目建设、能力建设、公众建设、监督考核”的“六条主线”,开展节水型社会建设试点工作。

(一)加强组织建设,促进协调联动

四平市委、市政府把节水型社会建设工作纳入重要议事日程,成立了节水型社会建设领导小组,确定了部门职责任务;市政府与各县(市)、区政府签订了建设目标责任书;政府领导小组坚持例会制度,定期研究部署试点工作,加强部门协调调度,整合各方面力量,促进各部门齐抓共建。2009 年,市政府将隶属于城建部门的城市供水、节水职能划归水利局实行水务统一管理,组建了专职节水机构,破解了管水体制性障碍,建立了协调联动的组织保障体系。

(二)强化制度建设,创新节水机制

四平市把制度建设作为试点核心工作,认真开展制度体系研究,结合实际不断配套完善各项法规制度,市政府先后颁布实施了《四平市节约用水管理办法》、《四平市水资源管理办法》、《四平市农业灌溉用水管理办法》、《四平市建设项目节水设施“三同时”管理办法》、《四平市节水型社会建设监督考核办法》。这“五部办法”对规范管理各种取用水行为做出了较全面具体的规定。同时,狠抓水法规制度的贯彻执行,坚持实行部门联合执法,多次开展以保护管理地下水资源为重点的打击违法取用水专项整治行动,先后查处违法案件 272 起,查封关闭水井 86 眼,收缴罚款 17. 3

万元。通过配套完善和严格实施各项法规制度，促进了节水机制的建立。

（三）推进项目建设，实施示范带动

项目是构建节水型社会工程技术体系的支撑骨架，是提升高效用水节水能力的硬件设施。在项目建设中，一是突出重点，着力抓好农业节水。全市水田面积由2006年的110万亩压缩到80万亩，实现了结构性节水2.5亿m^3；完成了39项农田灌溉设施配套与节水改造工程建设，大力推广喷灌、滴灌等高效节水技术和多种抗旱耕作技术，实现了年节水1亿m^3；在干旱地区主推玉米膜下滴灌技术，比传统沟灌节水60%和增产15%左右；制定实施了灌溉用水管理办法，强化了各项管理制度措施，实现了以不增加农业用水总量且保障粮食连续多年稳产增产的目标。二是加快工业产业调整，积极发展高效节水型工业。严格贯彻节能减排政策，将节水减污作为新建项目的重要衡量标准，限制审批或关停整顿了55户水泥、造纸等项目或企业；实现了工业用水量以年平均12%的增长，保障了规模以上工业增加值年均增长38%的高速发展。三是抓好各行业节水典型，实施示范推动。四平金士百啤酒公司通过节水技改和一流的管理，吨啤酒耗水4.01 m^3，节水达到国内领先水平；吉林师范大学生活节水器具研发与推广应用等一批节水典型，都发挥了较好的示范带动作用。四是加大投入力度，积极推进各行业节水工程建设。试点实施以来，全市完成投资16.5亿元，建设农业、工业、生活服务业节水工程和基础设施项目100项。

（四）增强能力建设，提升管理水平

在能力建设上，四平市坚持软件与硬件一起抓、管水机构与用水户一起抓。全市组织开展了取用水和节水核查登记、专题调研等大量基础性工作，认真编制节水型社会建设规划、水资源调查评价和综合规划等；组织人员深入用水大户开展水平衡测试，对取水井统一安装智能水表计量收费，开展水资源实时监控与管理系统建设；坚持每年组织开展各层次人员学习培训，努力提升管理水平。

（五）促进公众建设，强化宣传教育

四平市制定下发了《节水型社会建设宣传教育方案》，坚持集中宣传与日常宣传相结合，广泛开展了形式多样的节水宣传教育活动；创建了节水型企业、学校、社区，在机关、企业、社区聘请节水监督员。同时，利用抗旱水源工程"民办公助"、节水示范项目投资扶持等政策拉力，以及用水计划、计量收费等关系用水户切身利益的政策引导，促进农民建立用水者协会，加强了公众参与平台和载体建设。

（六）认真监督考核，强化日常管理

四平市把抓好节水试点日常监管工作作为重要基础保障性措施纳入领导日程，坚持常抓不懈。特别是水行政主管部门，不仅深入做好水资源和节水日常管理工作，还切实发挥了政府节水领导小组办公室的重要职能，不断加强对各相关部门的组织协调调度，为用水户及时提供指导服务。同时，会同市政府督查室，定期深入各县（市）、区和用水大户进行检查督导，按照政府制定的工作目标责任制，认真进行年度考核通报，有效地推动了节水型社会建设试点工作的全面开展。

二、张家港市以解决现实水问题推动建设的典型模式

张家港市立足自身经济发达、污染物产生模数高以及平原河网区水动力不足的实际，以"自然－社会"二元水循环基础理论为指导，以减排、增容为两条主线，构筑"自然－社会"二元、"宏观－中观－微观"三级为构架的区域水循环体系。

（一）完善区域水循环体系

张家港市本地水资源有限，且平原河网水动力条件不足，河平流缓、滞留严重，水环境相对脆弱，易引发环境问题和生态问题。

但有利条件是，张家港市地处长江口，受潮汐影响较大，是典型的平原感潮河网区，可借助潮汐条件，引长江水改善内河水动力条件，促进内河水体有序流动，增加水环境容量，提高水体的自净能力。因此，张家港市在宏观、中观、微观三个层面实行以增容通畅为核心的治理行动。

1.“东中西”三大干流水循环体系建设

一是建设市区水循环体系（中部水循环体系）。投资建设了一干河枢纽、朝东圩港水利枢纽、东横河控制枢纽、新沙河南端控制工程等水环境控制性工程。

二是构建东部水循环体系。以三干河、四干河为引清通道，水流经过塘桥、凤凰片区后，从新建走马塘河道（七干河）回入长江。

三是建设西部水循环体系。以五节桥港为主要引水通道，辅以张家港合理引水调度来改善金港片区和大新镇水环境质量，再由太字圩港排入长江。

2. 沟通二级水网，实现干河互连互通

张家港市在城区投入8 000万元，先后实施了谷渎港、三支河等“十纵十横”二级河道工程建设和改造，进一步完善了中部水循环体系。其中，投资约600万元实施了一支河东段整治工程，通过新建泵站将一干河的清水抽至一支河东段来改善该段河道的水质，又相继进行河道疏浚、抛石护坡、护岸挡墙、污水截流、绿化等工程建设；投资约1 480万元实施白子港沟通工程；投资约450万元实施花园浜与新丰河沟通工程；投资约510万元实施斜桥中心河拓浚工程；投资80万元开展万红港整治工程；界罗港河道工程完成开挖土方14万m^3，并建成通车北二环路桥梁工程。

3. 实施农村河道拆坝建桥畅流工程，沟通水系末梢

张家港市现有农村河道近8 000多条，以往由于责任不清，缺少管理，人为在河道上建造坝头，占填淤塞严重，破坏了水体的互通和流动，加上大量农业和农村面源污染的影响，严重恶化了河道

水质。2005 年,张家港市制定了拆坝建桥规划,2007 年又进一步将拆坝建桥确定为农村生态环境优化工程的重要内容,制订了三年行动计划,对存在严重问题的 6 359 条坝桥全面拆除,农村主要道路形成的河道断流处坝头改建为机耕桥或涵洞,一般农田作业通道上的改建为人行便桥,全面实施拆坝建桥畅流工程,打通农村河道水系末梢与二级河道、骨干河道的脉络,形成完整的水循环体系,也为改善农村水环境质量创造了条件。截至 2008 年年底,全市投入建设资金 8 000 余万元,累计拆除农村河道阻水坝头 1 550 处,建桥(涵)1 350 多座。

(二)管控社会水循环全过程

针对区域人口和产业密集,污染物产生量远高于水体纳污能力的状况,在行政区、工业园区和企业单元三个层次实施了以减量、循环、再生利用为目标的节水减排综合措施。

1. 宏观层面

优化产业结构布局,积极开展清洁生产审核和 ISO14000 环境管理体系认证,试点期间全市累计开展清洁生产企业 148 家,规模企业通过 ISO14000 认证比例达到 20% 以上。在此基础上,推行“工业企业向园区集中,人口向城市集中、居民向社区集中”,实施市污水处理厂二期工程改造,实行排污的集中管理和治理,在污水口建设湿地景观河道工程,并将部分尾水用于绿化、道路冲洗等环境用水。为保障污水处理厂的正常运行,将污水处理费提高到 1.30 元/m^3。

2. 中观层面

推进张家港保税区、扬子江化学工业园的工业废污水再生回用和厂际串联用水,将不同品质的再生水分别用于绿化环境用水、工业生产用水和循环冷却水、锅炉用水,努力实现园区废污水的“零排放”。还将华天生物科技有限公司产生的废酸水,送到张家港市色织厂,作为该厂废水处理的中和原料,实现园区企业间的串联循序用水。

3. 微观层面

实施八大行业节水减排行动，将年用水量 8 万 t 以上的 54 家用水企业大户全面纳入其中，其中在大型钢铁、化工、电子等行业推进循环用水，对有条件的企业实施“零排放”工程。在纺织染整、电镀等行业实施限排与再生回用，在中小型锻造、压延等企业实施“封堵排污口，污水禁排，内塘蓄存，外河补水，循环回用”等措施。

试点期间，通过“二元三级”水循环体系的建设，张家港市万元 GDP 由 2004 年的 98 m^3 降至 2009 年的 44 m^3，水功能区达标率由 55% 提高至 70%，万元工业增加值用水量由 53 m^3 下降至 24 m^3，有力地支撑了经济社会又好又快的发展，并为发达平原河网地区节水型社会建设提供了系统经验与示范。

三、上海市以节水型载体推动建设的典型模式

上海市地处长江、太湖两大流域下游，水质既受到上游水污染的影响，又有本地污染源的危害，水资源的最大问题是水污染和水环境恶化，是一个典型的水质性缺水城市。对于上海市来讲，其水环境承载能力面临极大挑战，也严重威胁全市供水安全。因此，上海市建设节水型社会的根本是通过构建全社会高效用水体系，促转型、降污染、保安全。目前，上海全市共有 148 家节水型企业、8 家节水型工业园区、80 所节水型学校、1 200 多个节水型小区和 1 家节水型农业园区。上海市通过载体建设，逐步使节水型社会建设理念深入人心，也为全市节水型社会建设目标的实现打下了坚实的基础。

（一）节水型企业建设，重在用水过程控制

一是制定考核办法，明确考核标准。2007 年，上海市水务局会同市经济信息化委联合发布了《上海节水型企业（单位）考评指

标及办法》,制定的《创建节水型企业(单位)标准》,根据节水型企业体系建设模式,设置了用水定额制度和计量制度等规则,并有重点地建设了较高保证率供水及输水系统、节水生产线、废污水收集与处理系统、循环利用系统和非常规水源利用系统等,同时针对供水、取水、计量、输水、用水、循环、排水、非常规水源利用等各个环节设置了考核指标,规范了节水型企业的创建和考核标准。

二是定性指标,促进企业制定节水管理措施。各用水企业(单位)结合自身特点,因地制宜,建立规范化和科学化的节水管理制度,健全节水管理网络并明确岗位职责;用水单位做到对用水设备管道定期巡回检查和检测,采用相应的节水设备,定时抄表并分析用水情况;加强推广节水工艺、技术和设备,提高工业用水重复利用率,淘汰非节水型器具,改善用水硬件设施。

三是精细化指标,为企业提供详细规范。上海市制定的《创建节水型企业(单位)标准》中节水设施标准主要技术参数如下:凡建设项目中安装的制冷设备,并采用水冷机组的,均应建设相应水循环系统工程;凡生产中配置的各类用水设备,均应建设相应的水循环装置,其间接冷却水循环利用率为95%以上,直接冷却水循环利用率为50%,锅炉蒸汽冷凝水循环利用率为60%以上;凡生产过程中产生的工艺水,其日工艺水量100 m^3 以上的,应该建设相应的工艺水回用设施,其工艺水回用率为50%以上;生活用水月用水量在5 000 m^3 以上的单位,应当建设相应的生活污水回用设施,其生活污水回用率应在30%以上;浴室、洗涤、餐厅等生活用水,应当推广使用节水型用水器具;在设计自来水管道时要结合用水管理的需要,留有安装自来水计量表具的位置。

(二)节水型园区建设,实现资源重组

2007年5月,上海市水务局和市经济信息化委联合发布了《关于开展"上海市节水型工业区"建设活动的通知》,标志着上海市节水型工业园区建设试点工作的启动。随后确定了上海化学工业区和上海金桥出口加工区为首批试点单位，又相继完成了闵行经济技术开发区、金山工业区、张江高科技园区、上海外高桥保税区、青浦出口加工区和康桥工业区的节水型工业园区的创建工作，涉及化工、精密机械与装备工业、生物医药和先进装备制造业等数十个行业。通过节水型工业园区的创建，明显提高了工业企业的用水效率和节水水平。

(三)强化计量与节水教育并举，创建节水型校区

在节水型学校(校区)建设方面，2007 年 5 月，上海市水务局和市教委联合发布通知，正式启动节水型学校的创建工作。上海市通过强化校区用水管理条例，建设高保证率供水及输水系统、废污水处理回用系统、分户分质计量系统等，制定标准，深入调研，广泛宣传，认真指导，积极组织和科学考评，创建工作在全市高校范围内有序开展，已创建同济大学等 80 家节水型学校(校区)。

主要做法是：组织节水型学校创建业务培训会、工作推进会、经验交流会等，要求试点学校建立健全节水型学校创建的规章制度，扎实做好节水型学校创建的基础性工作，完善自查自评；加强对师生的节水教育，注重宣传，营造浓厚的校园节水氛围等。2009 年 10 月，市水务局和市教委又联合发布《关于全面开展中小学节水工作的通知》，在总结本市节水型学校(校区)试点创建的基础上，扩大学校节水的力度和范围，面向中小学开展节水型学校创建工作，将节水型学校工作覆盖全市的大中专院校和中小学校。

(四)强化节水意识，创建节水型社区

在节水型社区(小区)建设方面，自 2007 年 1 月上海市水务局和市文明办联合发布《关于开展“上海市节水型单位(小区)”建设试点活动的通知》，拉开了节水型小区建设的序幕。上海市依据节水型社区的建设理论和模式，设置了统一管理与调度体系，实行了节水器具市场准入，在群众中加强节水意识，并建设高保证率供水及输水系统、分户分质计量系统、生活废污水收集和处理系统和非常规水源利用系统等物质设置。

主要做法是：将节水型社区（小区）建设纳入到文明小区的考核体系中，健全节水型单位（小区）建设工作的领导小组、考评小组和工作小组，明确工作责任，建立工作会议制度；定期召开节水型小区建设推进会议，指导小区节水工作；在小区开展节水宣传活动，发放节水宣传资料，进行生活节水器具、产品展示；组织有关人员对考评标准进行业务培训，全面落实节水型小区的目标考核办法，并制作"百万家庭总动员"等节水型小区建设题目。上海市已命名74家节约用水示范小区和1 267家节水型小区。

（五）引进高校灌溉技术，创建节水型农业园区

在节水型农业园区建设方面，上海市基于节水型灌区体系建设模式，按照公众自主参与式管理、经济灌溉用水定额制度和科学种植与灌溉制度等规则，建设了高效输水系统与计量系统以及灌溉设施等。

上海市在推进节水型小区、节水型学校、节水型企业、节水型工业园区等试点示范建设方面，已经取得了显著的成效，目前已逐步形成了全社会、全行业、全覆盖、全过程的节约用水示范效应。

第四章 全面推进节水型社会建设

“十二五”时期是我国全面建设小康社会的关键时期，是深化改革开放、加快转变经济发展方式的攻坚时期。节水型社会建设作为解决我国水资源问题的根本性和战略性措施，要长期坚持，全面推进。

第一节 全面推进节水型社会建设的迫切性

在新的时期，面临着新的形势、新的任务，全面深入推进节水型社会建设是时代的迫切要求。

一、全面推进节水型社会建设是中央水利工作会议的迫切要求

在中央水利工作会议上，胡锦涛总书记强调要转变经济发展方式，必须转变用水方式，把严格水资源管理作为加快转变经济发展方式的战略举措，把建设节水型社会作为建设资源节约型、环境友好型社会的重要内容，全面强化水资源节约保护工作，形成有利于水资源节约保护的经济结构、生产方式、消费模式，推动全社会走上生产发展、生活富裕、生态良好的文明发展道路。温家宝总理指出，要把节水作为解决我国水问题的战略性和根本性措施，以提高水资源利用效率和可持续利用为核心，努力构建和形成节约用水的制度体系、生产生活方式和社会氛围，在更高起点上推进节水

型社会建设。回良玉副总理强调,要像重视国家粮食安全一样重视水安全,像严格土地管理一样严格水资源管理,像抓好节能减排一样抓好节水工作。要通过节水型社会建设,进一步提高对我国人多水少国情的认识,以水定产,以水定发展,促进经济结构调整和产业结构优化升级,全面贯彻和落实中央水利工作会议精神。

二、全面推进节水型社会建设是实行最严格水资源管理制度的迫切要求

国务院国发[2012]3号文件《国务院关于实施最严格水资源管理制度的意见》中有关节约用水的具体内容包括:

(1)全面加强节约用水管理。各级人民政府要切实履行推进节水型社会建设的责任,把节约用水贯穿于经济社会发展和群众生活生产全过程,建立健全有利于节约用水的体制和机制。稳步推进水价改革。各项引水、调水、取水、供用水工程建设必须首先考虑节水要求。水资源短缺、生态脆弱地区要严格控制城市规模过度扩张,限制高耗水工业项目建设和高耗水服务业发展,遏制农业粗放用水。

(2)强化用水定额管理。加快制定高耗水工业和服务业用水定额国家标准。各省、自治区、直辖市人民政府要根据用水效率控制红线确定的目标,及时组织修订本行政区域内各行业用水定额。对纳入取水许可管理的单位和其他用水大户实行计划用水管理,建立用水单位重点监控名录,强化用水监控管理。新建、扩建、改建建设项目应制订节水措施方案,保证节水设施与主体工程同时设计、同时施工、同时投产(即"三同时"制度),对违反"三同时"制度的,由县级以上地方人民政府有关部门或流域管理机构责令停止取用水并限期整改。

(3)加快推进节水技术改造。制定节水强制性标准,逐步实行用水产品用水效率标识管理,禁止生产和销售不符合节水强制

性标准的产品。加大农业节水力度,完善和落实节水灌溉的产业支持、技术服务、财政补贴等政策措施,大力发展管道输水、喷灌、微灌等高效节水灌溉。加大工业节水技术改造,建设工业节水示范工程。充分考虑不同工业行业和工业企业的用水状况与节水潜力,合理确定节水目标。有关部门要抓紧制定并公布落后的、耗水量高的用水工艺、设备和产品淘汰名录。加大城市生活节水工作力度,开展节水示范工作,逐步淘汰公共建筑中不符合节水标准的用水设备及产品,大力推广使用生活节水器具,着力降低供水管网漏损率。鼓励并积极发展污水处理回用、雨水和微咸水开发利用、海水淡化和直接利用等非常规水源开发利用。加快城市污水处理回用管网建设,逐步提高城市污水处理回用比例。非常规水源开发利用纳入水资源统一配置。

三、全面推进节水型社会建设是节水体制机制进一步完善的迫切要求

节水法律法规体系还不完善,节水型社会建设工作缺乏充分的法律手段支撑。当前节水管理体制机制与全面建设节水型社会的要求还不相适应,浪费用水行为尚未完全得到有效遏制。农业、工业、服务业等相关行业的节水工作尚未实现统一管理,节水责任主体还不明确,考核、监督和惩罚措施力度不够,相关部门未形成有效合力。现有的节水型社会制度体系与实施最严格水资源管理的要求还有差距,有待进一步健全。已有节水政策法规和制度没有完全得到真正落实,执行力度不够,市场在水资源配置中的基础性作用未得到充分发挥,节约用水的利益调节机制需要进一步健全和落实。节水型社会建设还没有稳定的投入机制,农业节水投资主要靠国家财政,地方配套资金常常不能及时落实,工业节水改造投入总体不足,渠道单一,城镇生活和服务业节水投入不稳定,缺乏长效投入的激励机制。

四、全面推进节水型社会建设是节水型社会建设全面深入推进的迫切要求

节水型社会建设发展不平衡，部分地区对节水型社会建设重视程度还不够，部门职责不够明确，节水型社会建设主要靠水行政主管部门推动，离全方位、全过程节水的要求还有很大差距。水资源高效利用的工程技术体系还不完善，先进实用的高效节水技术开发和推广应用力度还不够，缺乏节水科技创新的有效激励机制。取水、用水和排水的计量与监测设施还不健全，监控体系建设急需加强。节约用水宣传教育和社会监督力度有待进一步加强，鼓励公众参与节水型社会建设的机制还不健全。节水型社会试点建设经验还需要进一步总结、宣传和推广，试点对周边地区的示范和辐射带动作用还有待进一步充分发挥。

第二节　全国节水型社会建设“十二五”规划摘要

2012 年 1 月，水利部正式印发了《节水型社会建设“十二五”规划》，明确了“十二五”期间我国节水型社会建设的目标与任务，分析了各区域的建设重点，提出了制度建设与政策建议，确定了重点领域的建设任务，明确了保障措施。全国节水型社会建设“十二五”规划的有关指导思想、基本原则、规划目标、主要任务和区域重点如下。

一、指导思想

以科学发展观为指导，全面贯彻党的十七大、十七届五中、六中全会和中央水利工作会议精神，落实节约资源与保护环境的基本国策，把加强需水管理、转变用水方式、促进经济发展方式转变

作为主要目标，把落实最严格水资源管理制度作为节水型社会建设的重要内容，通过试点经验推广和示范工程建设，全面加强节水制度和节水基础设施建设，全面树立社会和广大人民节水意识，弘扬节水文化，做到经济社会发展和群众生活生产全过程节水，工业、农业、服务业全方位提高用水效率，实现水资源可持续利用，支撑经济社会可持续发展。

二、基本原则

一是坚持政府主导，鼓励共同参与。充分发挥政府的宏观调控和主导作用，将节水型社会建设指标作为区域经济社会发展的“硬约束”，纳入国民经济和社会发展规划。建立节水型社会建设绩效考核制度，强化政府责任制和问责制。构建公众全面参与节水型社会建设的机制，鼓励社会公众广泛参与节水型社会建设，形成自觉节水的良好社会风尚。

二是坚持制度创新，规范用水行为。改革体制，健全法制，完善机制，创新制度，逐步建立健全与资源环境承载能力相适应的水资源高效利用制度体系，推行以市场机制为基础的节水新机制，规范用水行为，实现水资源的合理开发、高效利用。

三是坚持转变方式，促进节水减排。通过产业结构调整，优化配置、合理调配水资源，转变用水方式，形成有利于节水的生产方式和消费模式，抑制不合理的用水需求。推进节水技术进步，加大高效节水技术设备研发推广力度，提高用水效率和效益。坚持源头控制与末端控制相结合，以节水促减排，以限排促节水，减少废污水排放量，改善水生态环境。

四是坚持因地制宜，突出工作重点。依据区域水资源条件、承载能力以及经济社会发展状况，统筹规划，合理布局，确定不同区域、不同领域节水型社会建设重点和发展方向，合理安排各类节水工程和节水措施。深入推进节水型社会重点和示范建设，推动节水型社会建设全面发展。

三、规划目标

总体目标:到 2015 年,节水型社会建设取得显著成效,水资源利用效率和效益大幅度提高,用水结构进一步优化,用水方式得到切实转变,最严格的水资源管理制度框架以及水资源合理配置、高效利用与有效保护体系基本建立。全国用水总量控制在 6 350 亿 m^3 以内,全国万元 GDP 用水量降低到 105 m^3 以下,比 2010 年下降 30%。

农业节水目标:重点推进大中型灌区续建配套与节水改造,加快小型农田水利设施建设步伐,发展高效节水灌溉。到 2015 年,新增农田节水灌溉工程面积 1.5 亿亩以上,节水灌溉工程面积占全国有效灌溉面积的 60%;新增高效节水灌溉工程面积 0.5 亿亩以上,农田灌溉用水有效利用系数提高到 0.53,农业灌溉用水总量基本不增长。

工业节水目标:严格实行总量控制和定额管理,以水资源紧缺、供需矛盾突出的地区和高用水行业为重点,加强技术创新,加大结构调整和技术改造力度,全面提升工业节水能力和水平。缺水地区高用水建设项目严格得到限制。到 2015 年,万元工业增加值用水量降低到 63 m^3,比 2010 年降低 30% 以上,主要高用水行业产品单位取水量指标达到或接近国际先进水平。

非常规水源利用目标:非常规水源利用水平明显提高,北方缺水城市再生水利用量达到污水处理量的 25% ~30%,南方沿海缺水城市达到 10% ~25%。海水淡化、再生水利用、雨水集蓄利用、矿井水利用等非常规水源利用年替代新鲜淡水量达到 100 亿 m^3 以上。

四、主要任务

节水型社会建设的战略性任务是:健全以水资源总量控制与

定额管理为核心的水资源管理体系，完善与水资源承载能力相适应的经济结构体系，完善水资源优化配置和高效利用的工程技术体系，完善公众自觉节水的行为规范体系，全过程推进节水减排，全方位提高用水效率，重点做好以下4项任务。

（一）实行最严格水资源管理制度，健全以总量控制与定额管理为核心的水资源管理体系

建立和完善用水总量控制制度，制订全国主要江河流域的水量分配方案，建立和完善流域和省、市、县三级行政区域的取用水总量控制指标体系，严格实施取水许可和水资源论证制度，严格控制地下水开采；建立和完善用水效率控制制度，加快制定区域、行业和用水产品的用水效率指标体系，加强用水定额和计划用水管理，实施建设项目节水设施与主体工程同时设计、同时施工、同时投产使用的管理制度（简称"三同时"制度）；建立和完善水功能区限制纳污制度，提出重要江河湖库的限制排污总量意见，强化入河排污口规范化管理，加强饮用水水源保护；建立水资源管理考核制度，健全责任制，严格实行问责制；建立和完善经济调节机制，健全水资源有偿使用制度，完善水价形成机制，完善节奖超罚的节水财税政策。推进节水标准体系及节水技术创新机制建设。

（二）推进用水方式转变，逐步完善与水资源承载能力相适应的经济结构体系

以《全国水资源综合规划》确定的国家水资源合理配置格局为基础，优化调配水资源，最大限度地把有限的水资源配置到合适的区域和行业，从宏观上提高水资源配置效率，从微观上提高水资源利用效率。加快转变用水方式，优化用水结构，形成节约用水的倒逼机制，大力推进经济结构和布局的战略性调整，以水定产业，以水定发展，严格控制水资源短缺和生态脆弱地区高用水、高污染行业发展规模。根据不同区域的经济社会发展水平和水资源承载能力，合理调整和控制城镇发展布局与规模；合理调整农业布局和种植业结构，因地制宜优化确定农、林、牧、渔业比例，妥善安排农作物的种植结构及灌溉规模；合理调整工业布局和工业结构，不断降低高用水、高污染行业比重，大力发展优质、低耗、高附加值产业；大力发展节水型服务业。

（三）大力发展各类节水设施，完善水资源优化配置和高效利用的工程技术体系

在稳步推进大中型灌区节水改造工程建设，加快小型农田水利设施建设的同时，因地制宜大力推广管道输水、喷灌和微灌等先进的节水灌溉技术，加强节水灌溉技术的综合集成与示范，推进节水灌溉规模化发展。重点抓好火力发电、石油石化、钢铁、纺织、造纸、化工、食品等高用水行业节水减排技改以及重复用水工程建设，提高工业用水的循环利用率。加快城市供水老旧管网技术改造，降低管网漏损率。加强公共建筑、小区和住宅节水设施建设，促进中水利用，推动节水器具普及工程建设。加强能力建设，加快完善计量监测、监控设施及水资源管理信息系统建设。

（四）树立节水意识，培育节水文化，完善公众自觉节水的社会行为规范体系

加强宣传教育，树立全社会的节水意识。广泛持久深入地宣传我国国情、水情，针对不同社会群体，分别实施富有成效的水情教育，提高全民水忧患意识和节约保护意识，培养公众逐步形成科学用水、节约用水的生活习惯和行为，促使公众自觉节水。普及节水知识，提高节水技能。编制印发节水知识宣传手册、相关政策法规的重点难点问题解读读本，有计划地组织专业人员到学校、社会宣讲，指导各行业的节水工作。开展形式新颖、内容充实、群众喜闻乐见的社会活动，形象生动地传播节水知识，培养全民节水素质，提高节水技能。倡导节水文化建设，丰富节水文化内涵。加强各有关部门、研究机构、高等院校、各类媒体的联系沟通，切实发挥在节水文化建设中的示范、引领、推动作用。积极开展节水型灌区、节水型企业、节水型机关、节水型学校、节水型社区等节水型载体创建活动，把节水型载体建成公众有效参与的平台，通过精神奖励和物质奖励，鼓励公众全面参与节水文化建设，充分调动广大人民群众的积极性和创造性，形成共谋文化发展、共建文化节水的合力。提供保障措施，建立长效机制。各地区要系统出台加大节水宣传的政策规定，联合新闻宣传、教育、文化等部门建立长期合作机制，使节水宣传教育制度化、规范化、长期化。将节水宣传教育、节水文化建设工作纳入各地节水型社会建设的考核评价体系中，作为重要工作内容和考核内容。因地制宜，出台地方特色的行为准则，将节水意识和节水文化建设作为各地区的精神文明建设的重要内容，约束和规范全社会的用水行为。

五、区域重点

全国主体功能区规划和区域经济发展规划明确了不同区域经济发展的总体布局与经济结构调整的空间布局。各区域的水资源条件及开发利用方式和生态环境状况不同，应紧密结合区域经济发展规划，立足于区域水资源约束程度、节水需求和节水难易程度，确定不同区域节水型社会建设的方向和重点。海河区、淮河区、辽河流域、黄河中下游地区及西北诸河的河西内陆河等地区，是我国水资源最为短缺、生态环境最为脆弱的地区，其面积约占国土面积的20%，人口、GDP、耕地面积和有效灌溉面积分别占全国的37%、38%、39%和46%，而水资源总量仅占全国的7%。这些地区要根据水资源承载能力，实行严格的用水总量控制，以水定发展规模，加大产业结构调整力度，严格控制高用水和高污染项目，推广先进的节水工艺、技术和设备。大力推进农业高效节水规模化发展，在有条件地区，集中连片，建设节水型优质高效农业产业带和高效节水园区。水资源相对丰富地区要突出水资源保护，加强用水总量控制和定额管理，控制单位产品和服务的取水量，推进高效农业节水示范区和示范项目建设。积极发展循环经济，推行清洁生产，严格控制废污水排放。

到2015年，通过实行最严格的水资源管理制度，确立水资源开发利用控制红线、用水效率控制红线、水功能区限制纳污红线等3条红线，充分发挥红线的约束调节作用，合理调整产业结构、推进用水方式转变可有效减少水资源需求增量。在此前提下，通过各类节水工程设施建设，全国年节水量362亿 m^3，其中农业节水工程节水量200亿 m^3，占工程措施总节水量的55%；工业节水工程节水量138亿 m^3，占工程措施总节水量的38%；城镇生活节水工程节水量24亿 m^3，占工程措施总节水量的7%。

结合经济社会发展总体布局与区域水资源及其开发利用特点，确定"十二五"时期东北地区、黄淮海地区、长江中下游地区、华南沿海地区、西南地区和西北地区的节水型社会建设重点。

（一）东北地区

东北地区包括辽宁、吉林和黑龙江3个省。全区现有耕地面积为2 145万 hm^2，有效灌溉面积为660万 hm^2，耕地灌溉率为31%；总人口为1.09亿人，城镇人口为0.62亿人，城镇化率为57%，GDP约为3.1万亿元；全区现状总用水量为570亿 m^3。东北地区土地资源丰富，是我国主要商品粮和大豆生产基地。全区水资源分布不均，北丰南欠，东多西寡，供水保障程度和灌溉水的利用率不高。

东北地区应围绕老工业基地振兴战略及全国主体功能区规划中辽中南优化开发区、哈长重点开发区和辽宁沿海经济带发展规划的要求，合理布局各类开发区域和产业结构，加快传统产业改造和产业升级，加大企业节水技术改造力度，强制淘汰传统产业中工艺落后、耗水量大、水污染严重的工艺设备和产品。大力推广先进适用的工业节水技术，集中力量支持一批重点行业和重点企业的节水改造。大力推进污水再生利用，加强海水的开发利用及海水淡化工程建设。

按照完善现代产业体系和建设国家粮食基地的要求，以黑龙江、吉林、辽宁“节水增粮行动”为重点，全面加强高效节水设施建设，集中连片大规模地推广应用高效节水农业灌溉技术，保障供水安全和粮食主产区灌溉用水需求。西部干旱区、辽东半岛等地区集中连片、规模化推进高效节水灌溉。严格按照节水要求建设三江平原、尼尔基引嫩扩建一期等新建灌区；松嫩平原要大力发展高效节水的旱田灌溉，严格控制旱改水的规模；辽河中下游平原区应控制灌溉面积，加强现有灌区的节水挖潜。水稻种植区要推广控制灌溉技术；玉米种植区积极推广膜下滴灌技术，因地制宜地应用管道输水、喷灌和推广“坐水种”抗旱补水灌溉技术。

(二)黄淮海地区

黄淮海地区包括北京、天津、河北、山西、山东和河南6个省(直辖市)。全区现有耕地面积为2 649万 hm^2，有效灌溉面积为1 631万 hm^2，耕地灌溉率为62%；总人口为3.24亿人，城镇人口为1.52亿人，城镇化率为47%，GDP约为9.8万亿元；全区现状总用水量为763亿 m^3。黄淮海地区是全国人均水资源量最少的区域，许多地区现状用水已接近或超过水资源可利用量，水资源紧缺已成为制约该区经济社会发展的重要因素。

按照京津冀都市圈区域规划、河北沿海地区、山东半岛蓝色经济区和黄河三角洲高效生态经济区等区域发展规划的要求，构建与南水北调东线、中线一期工程相适应的水资源优化配置与高效利用体系，合理配置本地水、外调水和非常规水源等各类水源。加快对高用水行业实施节水技术改造，重点发展低用水、高附加值产业，严格控制新建高用水项目，鼓励大型高用水企业向水资源相对丰富地区和沿海地区转移。积极发展循环经济，推进清洁生产，提高污水处理率和再生水利用率，培育一批循环经济示范行业和园区。全面实行最严格的水资源管理，开展废水“零排放”示范企业创建活动，树立一批行业“零排放”示范典型，加快建立科学的水资源开发利用与保护机制。加大海水、微咸水等非常规水源利用力度，加快建设一批海水淡化及综合利用示范工程。

应根据水资源条件，因地制宜地压缩耗水量大的作物种植比例，发展耐旱高产小麦品种，发展生态农业，减少农业面源污染。要以完善现有灌溉设施、对现有灌区节水改造和实施地下水压采措施为重点，大力推进高效节水灌溉，重点在黄淮海平原、黄河下游井灌区等地区集中连片、规模化推进。大中型灌区以渠道防渗和田间节水改造为主；井灌区重点发展低压管道输水灌溉工程和田间明渠防渗工程，适宜的地方发展喷灌；山丘区可依托水窖等微型集雨工程，发展喷灌、微灌等高效节水灌溉；井渠结合灌区要在搞好节水改造的前提下，大力提倡节水灌溉和回灌补源。在水稻种植区继续推广控制灌溉技术，旱作区积极推广农业旱作技术，积极推广应用地膜覆盖、秸秆覆盖、田块畦格化等田间节水措施。对果树、蔬菜、花卉、药材等高效经济作物，大力推广微喷灌、滴灌等先进节水灌溉技术。地下水超采区应积极采取调整农业种植结构、压缩高耗水作物种植面积等综合措施，控制地下水超采，特别是要做好南水北调受水区的地下水压采限采。

（三）长江中下游地区

长江中下游地区包括上海、江苏、浙江、安徽、江西、湖北和湖南7个省（直辖市）。全区现有耕地面积为2 394万 hm^2，有效灌溉面积为1 586万 hm^2，耕地灌溉率为66%；总人口为3.75亿人，城镇人口为1.89亿人，城镇化率为50%，GDP约为11.6万亿元；全区现状总用水量为2 009亿 m^3。长江中下游地区水资源相对丰富、灌排设施基础较好，但降水时空分布不均，灌溉水利用率不高，水污染问题严重。

长江中下游地区应加强长江及沿江沿湖水资源保护，建立高效的水资源节约保护体制和机制，保障良好的水生态环境。长江中游的武汉城市圈、长株潭城市群、皖江城市带和鄱阳湖生态经济区应按照建设资源节约型和环境友好型社会的要求，充分发挥沿江地区产业发展潜力，有效地推动产业结构的升级，形成与水资源节约与保护相适应的产业结构、增长方式和消费模式。应更加注重生态环境保护，在承接产业转移中，要严禁高用水、高排放的落后产能转入，大力发展循环经济，鼓励清洁生产，提高工业用水重复利用率。长江三角洲地区要按照率先实现水利现代化的要求，加强水资源综合管理，加快转变用水方式，逐步降低农业和工业经济比重，大力发展第三产业，促进产业结构优化升级，着力抓好高用水行业的节水改造和循环利用，实行严格的地下水保护政策，遏制地下水超采。

长江中下游地区是我国粮、棉、油和果、茶、桑生产基地，应继续加大现有灌区续建配套与节水改造力度，实施大型灌排泵站更新改造，推进末级渠系节水改造，提高灌溉水利用效率和灌溉保证率。积极推进农业高效节水灌溉示范区、示范项目建设，平原区重点发展管道输水灌溉，经济作物区积极发展喷灌、微灌。注重工程措施和管理措施、农艺措施相结合，鼓励发展和应用适宜的节水灌溉技术。积极开展农业面污染源的监控和治理，大力发展生态农业，科学合理地使用化肥、农药，推广生态养殖，鼓励畜禽粪便综合利用，减少面源污染。

(四)华南沿海地区

华南沿海地区包括福建、广东、广西和海南4个省(自治区)。全区现有耕地面积为911万hm^2，有效灌溉面积为460万hm^2，耕地灌溉率为51%；总人口为1.90亿人，城镇人口为1.03亿人，城镇化率为54%，GDP约为6.1万亿元；全区现状总用水量为1 013亿m^3。华南沿海地区总体上水资源丰富，但部分地区季节性缺水严重，水污染问题突出。

华南沿海地区要抓好高用水行业和重点用水企业的节水减排

工作，大力推广先进节水技术，积极发展节水产业。珠江三角洲地区应按照水资源和水环境承载能力积极调整产业结构与布局，转变发展方式和用水模式，限期淘汰和更新落后的用水设施、技术与产品。海峡西岸经济区、北部湾经济区和海南国际旅游岛等沿海重点开发区在建设过程中，要积极促进产业升级，限制高污染产业的发展。

应结合发展节水灌溉，适当增加灌溉取水工程，完善农田灌排体系，不断提高农业综合生产能力，积极建立一批现代化农业高效节水示范园区。在沿海平原区适度发展管道输水灌溉；在山区和丘陵地区，要利用小水源或提水设施发展旱作物喷微灌；有条件地区积极发展设施农业，积极推广管道输水、喷灌、微灌等高效节水灌溉技术，控制化肥和农药的使用，减少农业面源污染。积极发展海水淡化技术，实现海水资源综合利用。

(五)西南地区

西南地区包括四川、贵州、云南、重庆和西藏5个省(自治区、直辖市)。全区现有耕地面积为1 910万hm^2，有效灌溉面积为601万hm^2，耕地灌溉率为32%；总人口为1.97亿人，城镇人口为0.74亿人，城镇化率为38%，GDP约为3.1万亿元；全区现状总用水量为593亿m^3。西南地区水资源相对丰富，但田高水低，水资源开发难度大。

西南地区应合理调整工业生产布局，积极发展高科技产业和特色产业，严格限制高污染产业发展，重点对化工、造纸等高用水行业进行节水技术改造；严格实行建设项目水资源论证管理，强化工业用水项目源头管理。成渝、滇中、黔中经济区要按照国家统筹城乡发展、综合配套改革试验区建设要求，强化水资源统一管理，实施入河污染物排放总量控制制度，按照资源环境承载能力进行产业和重大项目布局，构建两江(长江、珠江)上游生态安全屏障。

西南地区农业节水应以已建成灌区续建配套与节水改造和小

型农田水利建设为重点,水源条件较好的丘陵区和山间平原,结合坡改梯,修建微型抗旱工程和坡面防洪工程,配套建设"三沟"(截水沟、沿山沟、引水沟)、"三池"(沉砂池、消能池、蓄水池)和小微型集雨蓄水工程建设,发展旱作农业,提高降水利用率。水源条件较好的山丘区和河谷平原区,大力发展自压喷灌、微灌;坝地、有条件地区发展管道输水灌溉;贫水山丘区积极发展集雨节灌工程,提高灌溉保证率,增强抗旱能力。

(六)西北地区

西北地区包括内蒙古、陕西、甘肃、青海、宁夏和新疆6个省(自治区)。全区现有耕地面积为2 163万hm^2,有效灌溉面积为989万hm^2,耕地灌溉率为46%;总人口为1.22亿人,城镇人口为0.52亿人,城镇化率为43%,GDP约为2.8万亿元;全区现状总用水量为1 018亿m^3。西北地区水资源短缺,生态环境十分脆弱,生产与生态环境用水矛盾尖锐。

重点经济区、能源化工基地和重点城市群应立足于当地水资源优化配置和合理利用,适度控制产业发展规模和结构,大力发展循环经济,建立节水型产业结构。要严格限制发展高用水工业发展规模,加强对现有高用水行业和企业的节水技术改造。

应根据生态保护的要求,合理配置水资源,协调生产、生活、生态用水,严格控制耕地开垦规模,科学确定水土资源开发和灌溉发展规模,限制和压缩高耗水作物种植面积。继续抓好以渠道防渗为主的大中型灌区节水改造,结合内蒙古"节水增粮行动",在水土资源匹配较好、粮食增产有较大潜力的内蒙古、新疆及河西走廊等地区,集中连片,规模化推进高效节水农业灌溉技术。以发展膜下滴灌为主,山前区适度发展自压喷灌;自流灌区逐步发展管道输水和喷灌、微灌。积极推广覆盖集雨、保护性耕作、深松蓄水保墒等旱作节水技术,建设一批旱作节水灌溉示范区,提高降水利用率。积极推进水权转换工作,在保障灌溉面积、灌溉保证率和农民利益的前提下,建立健全工农业用水水权转换机制。

第三节 全面推进节水型社会建设的若干思考

为落实最严格水资源管理制度,保障节水型社会建设"十二五"规划的顺利实施,应从提高水资源利用效率入手,注重制度和基础能力建设,强化用水定额和计划用水管理,继续开展试点和示范工程建设,加快节水技术改造,加强监督考核工作,发展节水文化,提高全民节水意识,全面深入推进节水型社会建设。

一、建立用水效率控制制度,落实用水效率红线

节水的本质是不断提高用水效率,用水效率客观地反映了一个地区或企业提供单位产品和服务所耗费水资源量的多少,体现该地区或企业经济发展、科技进步和用水管理水平,是可持续发展能力的重要标志。提高用水效率,增强可持续发展能力,是我国水资源管理的核心目标。

用水效率控制制度是限制并逐步淘汰落后的、耗水量高的工艺、设备和产品,鼓励并推广用水效率高的工艺、设备和产品的法律、法规及行为准则体系。建立用水效率控制制度应着力抓好用水效率指标确定和用水效率指标控制。

明确用水效率指标工作包括制定和分解两个方面。即明确用水效率总控制指标后,应逐级落实到各级行政区。如何确定科学合理的用水效率控制指标,让相关利益者能够接受并自觉执行,是建立用水效率控制制度的关键之一。用水效率控制指标分为监督考核指标和监测评价指标两类指标。监督考核指标用以考核各地节水管理工作,监测评价指标用以及时监测了解各地用水效率变化情况,督促各地加强节水管理工作。监督考核指标有万元工业

增加值用水量、农业灌溉水有效利用系数两项指标，是实行最严格水资源管理制度的核心指标；监测评价指标有综合用水监测评价指标、农业用水监测评价指标、工业用水监测评价指标和生活用水监测评价指标四类。综合用水监测评价指标有万元 GDP 用水量，农业用水监测评价指标有农田亩均灌溉用水量，工业用水监测评价指标有工业用水重复利用率和火力发电、钢铁、纺织、造纸等高用水行业单位产品用水定额，生活用水监测评价指标有城市供水管网漏损率、城镇节水器具普及率等。

用水效率指标明确后，应采取严格的控制措施，通过积极推进计划用水管理，健全建设项目节水设施"三同时"管理制度和用水效率标识管理制度，建立科学规范的用水计量和统计制度，完善水价形成机制等，将用水效率指标控制好，确保用水效率控制制度顺利实施。

用水效率红线是国家为保障水资源可持续利用，在水资源用水效率方面划定的管理红线，它与一定地区的水资源承载能力相适应，体现了该地区一定时期的生产力发展水平、经济社会发展规模、社会管理水平，是节水管理必须达到的目标。建立用水效率控制红线，促进用水方式从粗放向高效转变，以此考核地方各级政府推动区域提高用水管理水平，并通过用水定额管理等措施严格控制提供单位产品和服务耗费的用水量，促进全社会用水效率的提高，是当前我国水资源管理的一项重要任务。

一是要科学制定各级用水效率控制指标及指标分解值。用水效率控制指标分为监督考核指标和监测评价指标两级指标。无论是监督考核指标还是监测评价指标，都需要在深入调查、科学分析的基础上合理制定。以工业用水效率考核指标的分解为例，对各地万元工业增加值用水量考核指标分解将按照有利于发达地区产业结构升级、有利于中西部地区发挥资源优势的原则区别对待。

二是要严格用水效率控制措施。通过严格各项用水节水制度，将确定的用水效率控制红线贯穿于人们生产生活各项活动之中，提高水资源利用效率和效益，遏制用水浪费。主要制度包括计划用水管理制度、用水定额管理制度、建设项目节水设施“三同时”管理制度、用水效率标识管理制度、用水计量和统计制度等。

三是要充分利用市场经济手段。通过建立健全水价形成机制，特别是完善非居民用水超计划累进加价制度、居民生活用水阶梯式水价制度，以及加大节水投入、实施财政补贴政策、逐步设立节水型社会奖励基金等经济措施，遏制用水浪费，推动全社会提高用水效率。

四是要大力实施节水工程建设。建设高效节水农业示范区，推广集工程节水、农艺节水、管理节水于一体的综合节水技术，提高农业灌溉水利用率。采取循环回用、串联使用、工艺改造和节水器具等措施，加大电力、化工、钢铁、造纸等工业用水大户的节水技术改造力度；建立完善企业三级计量设施，推行“计量用水、定额管理、阶梯水价”的管理模式，促进工业节水技术进步。加大城镇供水系统改造和配套建设，努力降低管网漏失率；加大污水集中处理力度，搞好污水处理设施建设；加大对污水处理回用、雨水、海水利用等非常规水资源开发利用技术的研究开发力度。抓好生活节水设施器具的开发、推广与使用，提高城镇节水器具普及率。通过大力实施节水工程建设，遏制用水浪费。

五是要有过硬的考核办法和考核制度。建立健全用水效率与效益评价考核指标体系，强化节水责任制和绩效考核制。如实行行政领导问责制度、项目限批制度、经济奖惩制度等。通过用水效率指标考核，保障各项节水措施的落实，达到遏制用水浪费的目的。

六是要强化节水宣传教育。宣传节水先进典型，揭露和曝光浪费水资源的现象。从正面引导全社会节约用水，广泛形成节水光荣、浪费水可耻的社会氛围，建立起节约水、保护水的社会风尚，有效遏制用水浪费现象。

二、创新水资源管理考核机制，完成目标责任指标

按照最严格水资源管理制度的要求，对各地区水资源开发利用、节约保护主要指标的落实情况进行考核，是将各级地方人民政府及相关部门作为考核对象，针对最严格水资源管理制度指标落实情况进行评估监督。落实指标考核工作的保障是建立管理责任制度，明确考核指标的具体责任主体，明晰权责，避免出现责任不清、相互推诿的现象；将指标落实情况纳入各地经济社会发展综合评价体系，并作为政府领导干部综合评价和相关企业负责人业绩考核的重要内容，提高在业绩考核中所占的权重；强化考核指标体系对地方政府的约束力，通过外在约束机制使地方政府从自觉到自发认识到水资源节约、保护的重要性，激励地方政府主动加强水资源管理，真正落实最严格的水资源管理制度。

在水资源管理考核工作中，水行政主管部门首先要做好本职工作，本部门职责明确，不推卸责任。一是不断创新水务管理体制，积极推进城乡涉水事务的一体化管理，逐步建立起水资源统一规划、统一调度、统一发放取水许可证、统一征收水资源费、统一管理水量水质的水资源管理体制，使水务工作做到统一有序，持续发展。二是把管好水资源作为水利行业的根本职责和核心任务，进一步理顺行业内部运转机制，形成全行业共同抓好最严格水资源管理制度建设的整体合力。三是把落实最严格水资源管理制度特别是各项主要指标作为各级水利部门重中之重的任务，水资源管理主要指标考核作为分量最重的工作考核内容。

为做好水资源管理考核工作，水行政主管部门要以水资源承载能力为主线，相关部门联手共建，公众广泛参与，不断以水资源管理工作作为推力促进经济结构和产业结构的调整，统筹协调经济社会发展与水资源承载能力的关系。水行政主管部门积极与相

关部门做好互动，在水资源管理工作中牵头搞好服务、搞好协调，在协调中礼贤下士，避免错位越权和缺位失职，充分尊重并紧紧依靠各相关部门，形成强大的监管合力，当好政府在水利工作中的“抓手”。涉水部门、行业很多，水资源管理考核牵涉广泛，水行政主管部门与相关部门在职责分工和利益分配中难免会产生一些矛盾，发生冲突时要根据水资源管理考核目标任务书明晰责任到具体部门，严格按照水资源管理考核职责进行监察。和谐相容的关系对落实水资源开发利用、节约保护主要指标的考核工作具有重要的支撑作用，具体工作中要不断协调各部门工作，合理调整组织机构，保持组织的灵活性，封闭责任，促进组织的工作效率，对于组织合作工作的衔接处或模糊地带或空白点出现的问题，由各部门联合协商解决。

水行政主管部门对水资源开发利用、节约保护主要指标的落实情况进行考核时，应主动争取政府领导的配合和支持，开展的工作得到地方行政首长的关心，就容易被纳入到政府工作的一盘棋中重点去部署安排。实行水资源管理考核行政首长负责制，建立统筹协调、组织有序、运转高效、保障有力的工作机制和责任制度，把任务和责任落实到前期工作、投资计划安排、地方资金配套、工程建设管理、资金使用监管、指标落实监督管理等各个环节，为水资源指标考核工作的顺利实施提供必要的支持。水资源管理考核工作中，行政首长除担任总负责人外还要协调监督部门工作，水行政主管部门在水资源管理考核目标任务书的框架下积极配合领导协调各方面的关系，处理解决问题体现出高度性和全局性。

水资源管理考核涉及经济社会发展的方方面面，不把责任落到行政一把手，不依靠社会各个部门、各行各业的协作，仅靠水行政主管部门力量是远远不够的。落实行政首长问责制，加强对水资源管理的组织和领导，统筹协调各方面关系，形成“行政首长带动、水利部门推动、相关部门联动”的管理考核体系，使各有关部门协调配合，分工负责，顺利开展水资源管理主要指标落实情况的考核工作。

三、完善节水制度体系建设，提升节水管理水平

以落实最严格的水资源管理制度为主线，全面实施用水总量控制和定额管理，严格控制入河湖污染物总量，完善节水型社会制度框架体系，从制度上推动经济社会发展与水资源水环境承载能力相协调，重点突破"职责不明、动力不足、监管不力"等瓶颈制约，全面提升水资源管理水平。根据建设节水型社会和实行最严格水资源管理制度的要求，主要从节约用水条例、建设项目节水"三同时"制度、用水效率指标体系、节水强制性标准等方面探讨制度标准体系建设。

（一）节约用水条例

近年来，《中华人民共和国水法》、《取水许可和水资源费征收管理条例》、《黄河水量调度条例》、《水文条例》等法律法规相继颁布或修订，《水资源费征收使用管理办法》、《取水许可管理办法》、《水量分配暂行办法》、《入河排污口监督管理办法》、《建设项目水资源论证管理办法》等相继出台，地方性水资源管理法规逐步配套。自此，我国以新《中华人民共和国水法》、《取水许可和水资源费征收管理条例》为统领，水利部、地方法规和规章为辅助的水资源法律法规体系框架已经形成。

但是，现有水资源管理方面的法律法规尚未完善，管理基础薄弱，措施落实不够严格，投入机制、激励机制、参与机制不够健全等，尚不能满足中国现阶段水资源管理、节约和保护工作的需要，依然与当前严峻的水资源形势不相适应。实行最严格的水资源管理制度，是在我国经济社会发展与资源环境矛盾日益突出的严峻形势下，在分析当前水资源管理工作新任务和新要求的基础上，按照科学发展观的要求，做出的具有战略意义的重大决策，具有里程

碑意义。实行最严格的水资源管理制度，要制定严格的水资源管理法律法规，健全水资源管理法规体系和严密的管理制度；要严格贯彻落实水资源管理制度，不失职，不渎职更不能枉法；要严格执法监督，做到有法必依、执法必严、违法必究，走法制化之路。

一般来讲，节水工作的范围包括取、供、用、耗、排的全过程的节约，包括政府、社会组织、企业和消费者等主体，涵盖工业用水、农业用水和生活用水等各个方面。然而，目前国家还没有一部全国层面的节水法律法规，节水工作缺乏法律依据和强有力的法律保障。虽然《中华人民共和国水法》中的节水法律条文从整体上解决了推动我国节水工作发展中的制度性难题，规定了节约用水的原则性要求，指明了我国节水工作的发展方向。但是从总体和实践需要来看，还存在以下问题：节水的法律法规规定不成系统，配套措施尚不健全，缺乏完整的综合性节水法律；现行的有关节水专门性法律规范性文件，有些已经不能适应形势发展的需要，有的法律效力和法律权威较低；很多地方已制定了节水法规，将节水制度细化，但立法相对滞后；一些法律、法规和规章所规定的内容不够具体、不易实施，缺乏针对性和可操作性；法律中明确了一系列制度，如节水设施"三同时"四到位制度，但往往只有规范要求，缺乏约束监督手段，或者责任机制仅仅限于行政处罚，对于淘汰的非节水器具的禁用等规定，缺乏有效的执法方案和执行手段；一些法律、法规、规范性文件相互之间存在着矛盾与冲突和各自为政的现象。

节约用水条例是当前急需制定的水资源节约保护方面各项法规的核心。在《中华人民共和国水法》的基础上，进一步制定相应具体的、操作性强的节水配套法规，强化节水的行政管理，才能有效地提高节水管理水平，促进我国水资源的高效利用和合理配置并大大增强全民的节水意识。加快节约用水条例的出台，对实行最严格的水资源管理制度，建设节水型社会，促进水资源的可持续利用，保障经济社会的可持续发展，全面建设小康社会，必将起到积极而深远的作用。

（二）建设项目节水“三同时”制度

2002年修订的《中华人民共和国水法》及2009年颁布实施的《循环经济促进法》明确要求：新建、改建、扩建建设项目，应当配套建设节水设施。节水设施应当与主体工程同时设计、同时施工、同时投产使用（节水“三同时”制度）。建设项目节水“三同时”管理法律地位的明确，为进一步开展建设项目节水设施管理工作提供了法律依据和政策导向。目前，北京、上海、深圳等地已依据国家的相关政策制定了地方性的建设项目节水设施管理办法或技术标准，开展了相关的管理实践。这些地区的做法和经验为在全国范围内推广建设项目节水设施管理制度提供了必要基础。但是从总体上来讲，我国建设项目节水设施管理仍存在许多需要加强和完善之处：

一是国内没有统一、可操作的建设项目节水设施管理办法。虽然《中华人民共和国水法》颁布以后，各地相继出台了一些有关建设项目节水设施的管理规定，但是由于种种原因，建设项目节水设施管理没有纳入项目建设程序，节水设施管理无法可依。目前，我国经济处于高速发展阶段，建设项目在规模和数量上都在快速增长，制定一套全国性的建设项目节水设施管理办法非常迫切。

二是相关管理规定涵盖范围界定不清。目前的建设项目节水设施管理规定中涉及的建设项目多指居住小区、宾馆、饭店、机关、科研单位、大专院校和大型文化、体育场馆等建设项目，很少涉及港口、机场、发电厂、矿山、铁路、公路、公园、水利工程等建设项目，这些项目在雨水、中水等非常规水源的利用上具有较大潜力。此外，相当比例的城市的《节水管理条例》是在水务管理体制改革之前颁布实施的，有关规定同现有建设项目节水设施管理体制不相匹配，而且在具体的规定中缺乏明确的罚则和配套的执法主体。

三是建设项目节水设施管理涉及部门之间联动不足。建设项目节水设施管理涉及发改委、规委、建委、水务、环保、工商、质量监督等多个部门，目前我国大部分省（自治区、直辖市）市部门之间还没有建立起相应的联动机制，水务部门无法全面掌握建设项目的相关信息，同时发改委、建委等在履行建设项目的相关审批手续时也并无强制性的规定对节水“三同时”进行审查。同时，在水利行业内部，由于水务部门与供水企业的分立，也使得水务局与自来水公司之间信息交流不畅，对用水户用水量的考核难以及时落实。

四是缺少具体的节水设施标准和设计规范。在建设项目节水设施管理的各个阶段缺乏具体的、细化的节水设施标准，在建设项目立项初设阶段，缺少节约用水的设计规范，节水设计方案应该包括的内容不明确；在竣工验收阶段，具体的验收主体、验收程序、验收标准也没有明确规定，同时，在节水器具的标识发布方面，水务部门不具有节水器具标识的发布权，也没有中水回用机构的认证权。

五是缺少相配套的激励机制。目前，大部分地区并没有建立起“三同时”管理的相应激励机制，即使是确立激励机制的地区，激励形式也比较单一，基本上采取有限的补助资金的方式展开，由于建设项目众多，有限的奖励方式难以支撑推广“三同时”项目建设的需要。

六是节水宣传工作有待进一步展开。目前，节水宣传工作主要依靠行政推动，由于宣传力度不足、宣传力量单一，建设项目节水设施管理“三同时”工作在很大程度上还不为公众所知，影响了建设项目节水设施“三同时”管理工作的有效开展。作为节水型社会建设的重要措施之一的“三同时”工作的推广同样有赖于整个社会节水意识的提高，通过学校、社区、媒体等多渠道进一步树立节水意识，培养科学、文明、节约的用水习惯。

落实建设项目节水“三同时”制度，必须做好以下几方面工作：

一要明确节水“三同时”制度各环节的监督主体及其权责。应该明确“三同时”制度实施的各程序环节，如申报、审批、实施、验收、监督，以及各个环节下“三同时”制度的要求，制定相应的实施指南，指导建设项目单位执行制度内容要求。完善建设项目节水“三同时”制度的分级审批、全面监管体系。节水“三同时”制度各个环节涉及众多管理和监督主体，首先要明确各环节的管理部门的分工，明确规定其职责和权利。其次是加强各环节的衔接和配合，建立各管理主体和监督主体之间在各环节、各方面的衔接、配合与协调机制。尤其要加强对“三同时”制度的执行的监督管理，做到监管及时、到位。项目竣工后，及时组织人员对其进行认真、严格地验收。

二要明确节水“三同时”制度的适用范围和节水设施内容标准。节水“三同时”制度的适用范围和管理的对象要全面。既包括新建项目，也包括扩建项目和改建项目；既包括一般建设项目，也包括自建项目和使用自备井的项目。随着社会经济的发展变化，会有一些新的项目出现，如果出现新的应列入“三同时”管理范围的项目，应及时纳入管理范围。对各类建设和改造项目的主要节水设施的内容进行列表，制定一套包括所有节水设施的名单，尤其要提倡优先利用非传统水源，建设与配备雨水、中水、再生水或海水等非传统水资源利用的管道及其附属设施。名单覆盖的内容应尽量全面，尽量细化各种设施的主要指标，同时建立节水设施的更新制度。

三要建立健全节水“三同时”各环节相关制度，主要包括：建立建设项目节水设计和审查制度，建立节水评估制度，建立节水设施竣工验收制度，建立节水设施维护管理制度。

四要加强节水“三同时”的宣传。建立完善建设项目节水管理制度需要社会各界和广大群众的理解、支持和参与。要坚持正确的舆论导向,广泛宣传节水型社会建设的重大意义和主要政策措施,上宣传领导,下宣传百姓。积极引导社会预期,增强群众信心,为建立完善建设项目节水管理制度营造良好的舆论环境。

(三)用水效率指标体系

用水效率指标体系能够综合反映地区的经济发展阶段、产业结构、水资源条件、用水设施与装备情况、水资源管理水平和科技进步状况。行业用水效率指标体系包括农业、工业、生活等用水行业的用水效率指标。对于一个产品来讲,用水效率指标即指用水定额。

建立用水效率指标体系是实行节水管理的需要。《中华人民共和国水法》明确规定:国家实行计划用水,厉行节约用水。国务院批准的《水利产业政策》明确指出:严格执行节约用水和用水定额管理的有关规定;对于超定额用水的,要加价收费。因此,制定科学的用水效率指标体系是我国实行节约用水的政策要求,是执行用水定额管理、超定额加价的物质基础。只有制定了各行各业的用水定额,农业用水、工业用水、城市生活用水才有可能执行超定额加价收费政策,有效地以行政手段和经济手段来促进节水。

在制定区域、行业、产品用水效率指标体系时,一是注意用水效率指标体系和区域用水总量的关系。区域水行政主管部门在区域水资源分配总量的约束下,基于综合取水定额核定的计划水量和国民经济发展,制订区域用水效率指标体系,进行总量控制。二是行业用水效率指标体系的制定要以行业用水统计为基础,要有发展的眼光,根据节水水平和经济社会的发展,适时提高用水效率指标标准,健全用水效率指标体系的修订机制;在标准制定过程中,要切实了解各地的实际情况,并充分协商,进而达成符合地方实际、得到地方认可并能体现用水效率红线约束要求的考核标准。三是用水产品的用水效率指标制定,要以分析各类用户用水方式、用水规律、完善细部取水定额体系为基础;建立以计划取水量、行业取水定额和细部取水定额为主体指标的定额管理考核、评价体系。根据用水户的用水规模和取水定额,编制年度取水用水计划;研究不同的用水结构、硬件设施等因素的影响对同行业内不同用水户间客观存在的用水差异,并通过调节系数进行调整。审查、下达用户的取水计划,对用户取水、用水的统计结果进行分析,对用水计划执行情况进行监控,及时地掌握各用水户的合理用水、节水情况。

(四)节水强制性标准

节水强制性标准是规定用水工艺、产品、设备和用水性能的程序或法规,在不降低用水工艺、设备和产品的性能、质量、安全的前提下,对其用水性能做出具体的要求。实行节水强制性标准的目的是通过规定用水产品用水性能限定值来限制和淘汰高耗水产品的生产、销售,建立高效节水技术和节水器具的研发、推广和市场准入机制,最终淘汰市场上水效低的产品型号,推动市场从低效向高效转换。

用水工艺、设备和产品是实施节水强制性标准的物质载体,是指符合与该类产品工艺有关的质量、安全和环境标准要求,与同类工艺和器具相比具有显著的节水功效,它的推广和普及对促进农业节水、工业节水和城镇生活节水,提高全社会的节水意识具有重要意义。水资源不足已成为制约我国经济和社会发展的重要因素之一,而我国水资源利用方式粗放、用水效率不高、用水浪费严重,研究开发使用节水工艺、设备和产品市场潜力巨大。

目前,我国生活用水器具市场还不规范,行业的节水技术水平和意识还不高,产品结构还不够合理,产品质量还良莠不齐,产品总体用水效率不高,相当一部分节水产品因技术含量低、质量稳定性差及价格偏高等因素达不到预期的节水效果。虽然生活用水器具的单个周期用水量不大,但考虑在寿命周期内的使用次数和其保有量,其总的用水量十分惊人,节水潜力巨大。同时,我国用水产品市场十分不规范，一些质量良莠不齐的产品纷纷打着节水产品旗号，扰乱了市场，蒙蔽了消费者，使真正的节水产品深受其害，大大削弱了行业内提升用水效率的动力。因此，尽快制定我国节水强制性标准，建立节水产品市场准入制度，出台配套政策加大力度支持采用节水工艺设备产品已经成为当前十分重要而迫切的任务。

一要制定节水强制性标准，建立节水强制性标准体系，推动节水型社会建设。制定节水强制性标准并不对产品本身的技术规格或设计细节提出要求，允许创新和具有竞争性的设计，只规定其用水效率性能，用水效率的指标包括用水效率限定值和用水效率等级。用水效率限定值规定了用水产品的最低水效率指标，要求制造商在一个确定日期以后生产的所有产品都必须达到标准的规定，否则禁止该产品在市场上销售。用水效率等级是用水效率标准的核心内容，也是用水效率标识实施的技术依据。2008 ~ 2010年期间，我国已经制定了《水嘴用水效率限定值及用水效率等级》等六项强制性节水标准，在分析研究我国重点用水生活器具的用水水平情况下，依据用水效率等级划分原则，提出了用水效率等级划分指标。重点用水生活器具的节水强制性标准出台，带动了其他行业水效标准的加快研究制定，根据行业特点，立足实际，抓紧制定出台自身行业的节水强制性标准，建立节水强制性标准体系。节水强制性标准体系是指根据农业、工业和生活服务业行业特点建立的各项节水强制性标准，并按其内在联系形成的有机整体。体系的建立和实施，可以不断改进和提高节水管理水平、节水技术和产品质量，使内部管理体系和外部法律、法规要求协调统一，增强节水工作的号召力和竞争力，为节水型社会建设顺利开展提供技术支撑。

二要建立节水产品市场准入制度，淘汰不符合节水标准的用水工艺、设备和产品。节水产品认证是产品认证的一种扩展形式，它是我国为应对水资源短缺形势、落实节水型社会建设而特别提出的一种产品认证业务。实施节水产品认证制度，协调有关部门做好用水效率标识市场监管的准备工作，逐步建立节水产品市场准入制度。建立节水产品市场准入制度是为了规范节水产品市场，提高节水产品的质量和生产企业的管理水平，增强我国节水产品的市场竞争力，也是为了减轻政府的工作压力，为各级节水管理部门把住企业的生产关。根据节水产品认证制度和市场准入制度，持续开展节水技术和器具的管理与推广工作，编制发布《鼓励使用的节水工艺和设备(产品)目录》和《淘汰落后的高耗水工艺和设备(产品)目录》，加快淘汰不符合节水标准的工艺设备产品。

三要出台配套政策，加大力度支持采用节水工艺设备产品。建立政府推动机制：研究建立节水产品政府采购机制，实施节水产品设备推广财政补助项目；修订中国节水技术政策大纲，实施落后行业企业节水技术设备改选，推动节水技术设备升级换代；建立以企业为主体，产、学、研相结合的节水科技创新与成果推广体系。建设节水用水技术产品信息体系：建立数字化的“节水用水先进实用技术与产品成果信息库”，定期通过信息发布平台公布；编制全国节水产品市场信息通报，向社会公众提供节水产品市场信息；举办全国先进实用节水用水技术产品展览推广会，推广应用节水技术产品。加大宣传力度：宣传贯彻节水强制性标准，严格执行节水产品认证制度和市场准入制度，提高公众对用水效率标准的认知和接受程度，为全面实施产品用水效率标识，提高用水效率，创造良好的社会舆论氛围。

加强节水强制性标准的制定工作，尽快建立和完善取水定额标准体系，加快修订不符合节水要求的取水定额、节水技术标准及规范，逐步形成完善的节水标准体系，使节水管理、服务以及节水产品生产、使用等工作规范化、标准化。

四、强化用水定额管理,推进计划用水工作

《中华人民共和国水法》规定我国实行用水总量控制和定额管理相结合的制度。《取水许可和水资源费征收管理条例》明确规定:按照行业用水定额核定的用水量是取水量审批的主要依据,超计划或者超定额取水的,对超计划或者超定额部分累进收取水资源费。加强用水定额管理是贯彻落实《取水许可和水资源费征收管理条例》的紧迫任务,它与用水总量控制相结合,形成取水许可总量控制体系,是水资源可持续利用非常重要的举措。

目前,全国已有 30 个省(自治区、直辖市)发布了用水定额,全国农业灌溉用水定额编制已基本完成,部分高耗水工业行业取水定额已发布实施。当前用水定额管理工作主要存在以下问题:一是管理基础薄弱。已经发布的用水定额普遍存在体系不完整、定额数据偏差大、用水定额标准一刀切、用水定额不能及时更新等问题;水平衡测试、用水情况跟踪调查和统计分析等基础工作得不到足够的重视,用水计量设施不完备。二是用水定额编制和使用脱节、管理较为粗放。用水定额和总量控制结合不够紧密,在建设项目水资源论证、取水许可管理、计划用水管理、节水管理等环节没有得到充分地运用。三是用水定额的时效性较差。定额的制定和修订与经济社会发展的要求脱节。这些问题的存在,说明用水定额管理工作与严格水资源管理、建设节水型社会的要求还有很大差距。

加强定额管理,需要紧密围绕管理,夯实用水定额管理工作基础。需要组织开展现状用水水平分析和重点行业水平衡测试,对用水定额进行评估,完成用水定额制定、修订工作,建立用水定额动态管理体系,加强对建设项目水资源论证、取水许可审批、用水计划下达、节水水平评价等工作环节的用水定额管理。

加强定额管理,要将用水定额运用到水资源管理的主要环节

中。建设项目水资源论证要把是否满足本行业先进的用水定额作为判定用水合理性的主要标准。审批取水许可量,要以根据行业用水定额核定的用水量为主要依据;下达用水计划,要结合总量控制,将用水定额作为确定计划用水量的主要因素之一。评价、考核各地和用水户节水水平时,要把用水定额作为重要的基础指标。对高耗水、高污染工业行业,要严格控制和适度削减用水定额,合理确定取水许可量和计划用水量,促进企业提高水重复利用率和使用再生水,减少污水排污量,促进水资源保护工作。地下水超采区的压采和限采,要将用水定额作为一项基本的控制措施。

要推进用水定额管理和总量控制相结合。宏观用水总量指标的确定,要将用水定额作为重要参考;用水总量指标的层层分解配置,要将用水定额作为一项重要依据。水资源规划需水量的预测,要在认真分析节水潜力的基础上,科学预测和论证规划年综合用水定额,作为预测需水量的主要约束指标之一。在制订流域水量分配方案、提出流域内各省(自治区、直辖市)的取水许可总量控制指标时,要充分考虑各省(自治区、直辖市)用水定额的实际情况,将用水定额作为水量分配和确定取水许可总量的重要参考。各省(自治区、直辖市)要以用水定额为重要依据,将总量指标分解到所辖各行政区域;各行政区域根据定额和总量控制指标,制订各行业、各部门、各单位取用水年度计划,落实区域年度用水总量控制要求。在水资源相对丰富地区,更要充分发挥用水定额的作用,通过用水定额控制用水户的取用水量,通过区域综合用水定额控制区域取用水总量。

强化用水定额监督管理。要将用水定额管理作为一项重要基础工作,明确责任主体,建立执行和协调机制,实行目标责任制。要针对当前用水定额管理中存在的主要问题、工作中的重点和难点,通过不断创新,扎实推进用水定额管理工作的开展。逐步建立省(自治区、直辖市)、市(地区)、县(区)各层级和面向各行业取用水户的用水定额监督网络，建立用水定额管理考核评价体系。

用水计划是运筹协调各部门用水关系、科学配水、合理用水的指导方案，是充分发挥用水效益、建设节水型社会必不可少的一项措施。一是计划用水要以用水定额为主要衡量指标。对在水行政主管部门管理范围内的计划管理，实施直接的用水定额管理；对在水行政主管部门管理范围外的计划用水管理，要求供水单位在申报年度用水计划时，按照用水定额管理的规定计算、申报用水计划，水行政主管部门进行审批，实施间接的用水定额管理。二是实行超计划超定额累进加价措施，把定额与水价紧密地联系起来。三是把用水定额作为衡量节水产品的重要依据。四是把是否达到用水定额标准作为实施节水"三同时"管理的依据。五是把用水定额作为企业内部节水管理的工具(层层分解节水指标的依据)。六是把用水定额作为评价节水水平的重要依据。

五、加快节水技术改造，建设节水示范工程

节水示范工程是在综合考虑地域性(经济发展水平、水资源条件)、典型性(用水量、用水水平与效率)和代表性(不同行业、不同用水类型)的基础上选取的示范项目，结合计划用水、建设项目节水"三同时"、用水定额管理、节水改造、非常规水源利用、推广应用节水新技术等措施开展建设，充分发挥典型示范的辐射带动作用。节水示范工程建设以市场为导向，以灌区、企业、城镇、社区、高校等为载体，以项目为依托，以解决各种类型工程的节水共性方案为重点，通过技术示范和典型带动，推动水资源节约，实现节约、降耗、减污、增效，不断提高水资源利用水平，促进可持续发展。开展节水示范工程建设，积极探索符合我国不同地区不同行业适用的节水工程建设路线，同时带动周边或类似地区节水工程建设进程。

(一)节水示范工程开展情况

目前,开展的节水示范工程建设工作主要涵盖以下方面:农业建设包括大中型灌区续建配套与节水改造、农业高效节水、雨水集蓄、旱作节水、牧区节水灌溉基地建设、养殖业节水工程等;工业建设主要从火力发电、石油石化、钢铁、纺织、造纸、化工、食品行业及各地实际高耗水工业行业中,选择产能较大、基础条件好的企业,从取水、供水、用水、耗水、排水等环节,安排一批节水工艺改造及循环用水工程;城镇建设主要是安排一批城镇供水管网改造、城镇生活节水器具推广和学校、生活小区、机关、服务业中水利用工程;高校建设主要是加强高校计划用水管理,积极推动使用节水设施,普及推广节水器具,鼓励污水处理回用;社区建设方面主要是引导居民选购节水设施和器具,加强管网改造,推广社区供水、节水的先进经验,提高社区居民节水意识,带动全社会参与节水行动。

节水示范工程建设开展以来取得了一定的成效,但还缺乏系统化、规范化、制度化,没有形成完善的整体工程。节水示范工程建设要争取国家财政扩大对节水工程建设的投入,结合不同项目的特点,研究拓宽节水工程建设的投资渠道,建立长期稳定的节水工程建设投入机制,研究出台支持节水工程的财政、税收优惠政策。节水示范工程不同于一般的水利工程,要从系统选型、规划设计、生产结构调整、生产方式转变、先进成果应用、科学用水、水费改革、人员培训、信息管理等方面体现"高质量、高效益和高科技含量"的原则。

(二)节水示范工程建设重点领域

"十二五"期间,节水型社会建设示范工程重点领域是农业节水、工业节水、城镇生活节水和非常规水源利用。稳步推进大中型灌区和重点小型灌区节水改造工程建设的同时,因地制宜大力发展管道输水、喷灌和微灌等先进的高效节水灌溉设施与技术,加强高效节水技术的综合集成与示范,推进农业高效节水规模化发展。

重点抓好火力发电、钢铁、纺织、造纸、化工、食品等高耗水行业节水减排技改以及循环用水工程建设，提高工业用水的重复利用率。加快城市供水老旧管网技术改造，降低管网漏损率。加强公共建筑、小区和住宅节水设施建设，促进中水利用，推动节水器具普及工程建设。有条件的地区要在科学合理开发利用地表水、地下水的同时，开发利用再生水、雨水、海水、微咸水、矿井水等非常规水源，增加可供水量，缓解水资源瓶颈约束。

（三）“百千千”重点用水单位监控工程

结合节水示范工程和国家水资源管理系统建设，水利部规划建设“百千千”重点用水单位监控工程，包括300个大中型灌区、3 000个高用水工业企业、3 000个生活服务业用水单位。从全国大型灌区中选择100个灌区，从重点中型灌区中选择200个灌区，重点监测取水总量，测算灌区的灌溉用水有效利用系数，评估灌溉用水水平和效率。在全国31个省（自治区、直辖市）的火力发电、石油石化、钢铁、纺织、造纸、化工、食品等高用水行业中，选择企业规模较大、取水量较多、行业代表性较高的工业企业，重点监测取用水总量、用水工艺技术、重复利用率和用水定额等。在全国31个省（自治区、直辖市）中，选择有代表性的社区、机关、学校、宾馆、医院、大型商场等，重点监测用水量、节水器具使用、用水定额等。

“百千千”重点用水单位监控工程是为了定期监督考核重点用水单位用水水平，加大重点用水单位节水投入，加快重点用水单位节水改造，发挥农业、工业和生活服务业重点用水单位节水示范推广作用，建设资源节约型社会，提高生态文明水平。“百千千”重点用水单位监控工程进行重点监控，控制用水效率红线指标要求具备的条件有以下四个方面：制度体系方面是研究确立监测评价指标体系，建立重点监控单位的遴选、监督和考核体系，实行实时监控和定期报告制度，统计监控单位相关数据，编制年度评估报告评价工作成效，完善奖励制度；人员方面是编制重点用水单位用水管理培训教材，通过组织开办培训班和召开经验交流研讨会，对管理人员开展培训交流，提高业务水平；技术手段方面是采用先进适用的监控设备，建立配套的监测技术体系，监控信息实现实时化和自动化；资金投入方面是加大对节水设施的改造扶持力度，鼓励节水技术、产品的研制开发和推广应用。

（四）企业节水技术改造

实施企业节水技术改造，加强企业节水管理，以提高水的利用效率和效益为核心，以水资源紧缺、供需矛盾突出的地区和高用水行业为重点，以企业为载体，加强科技进步和技术创新，加大结构调整和技术改造力度，推进工业废污水处理回用和非常规水源合理利用工作，强化监督管理，全面提升工业节约用水能力和水平，努力建设节水型企业。加快实施企业节水技术改造，全面加强企业节水管理是一个技术和管理相辅相成的系统工程，主要通过以下六个方面工作来开展：

一是建立和完善政策支持激励体系，加大工业节水技术改造投入。制定便于实施的激励政策，提高企业主动节水的积极性。各地工业主管部门在安排节能减排资金、地方技术改造项目时，对节水改造项目要给予重点支持，对重大、关键节水技术、装备研发项目给予有关科技经费支持。鼓励企业、投资机构等加大节水技术研发和改造力度，支持投资机构创新融资方式，开展专业化的节水投资和服务。

二是大力研发推广节水工艺技术和设备，强制淘汰落后高用水工艺、设备和产品。围绕当前工业节水重点，组织开发节水工艺技术和设备，发布工业节水器具和设备目录，大力推广当前国家鼓励发展的节水设备和产品，重点推广工业用水重复利用、高效冷却、热力和工艺系统节水、洗涤节水、工业给水等通用节水技术与生产工艺。完善制定工业各类行业用水定额标准，加快推进工业节水器具和设备认证评价工作，适时推进市场准入制度，尽快淘汰不符合节水标准的用水工艺、设备和产品。

三是积极推进企业水资源循环利用和工业废水处理回用，加强海水、矿井水、再生水、雨水、微咸水等非常规水源利用。采用高效、安全、可靠的水处理技术工艺，大力提高水循环利用率，降低单位产品取水量。加强废水综合处理，实现废水资源化，减少水循环系统的废水排放量。鼓励各级工业园区、经济技术开发区、高新技术开发区采取统一供水、废水集中治理模式，实施专业化运营，实现水资源梯级优化利用。鼓励和支持沿海高用水企业配套建设海水淡化项目，以及直接利用海水替代冷却水。积极推进矿区开展矿井水利用，鼓励钢铁等企业充分利用城市再生水。支持有条件的工业园区、企业开展雨水集蓄利用。

四是强化工业企业节水的主体责任，夯实工业企业节水管理基础。工业企业要牢固树立节约发展的理念，把节水工作贯穿企业管理、生产全过程。强化工业用水源头监管，加快建立和实行建设项目节水设施“三同时”制度，推进节水设施与主体工程同时设计、同时施工、同时投入运行工作。各工业企业特别是高用水企业要根据国家、地方和行业节水规划及工业用水定额的要求，制订企业节水计划、节水目标，通过强化管理、加强技术改造、开展水平衡测试等措施，挖掘节水潜力，切实加强用水定额管理，提高用水效率。鼓励和支持工业企业利用信息化技术开展用水在线监测，加快建设用水、节水管理信息系统，提高节水管理水平。

五是建立节水型企业评价考核体系。企业根据实际情况，突出自身的节水重点，确定不同指标的权重，建立符合水资源合理配置、环境保护和可持续发展的基本要求，具有可获得性、可度量性、可连续性和可操作性的适用体系。

六是不断加强宣传推广工作，宣传工业节水的方针政策及其重要意义。树立一批节水型企业示范典型，及时总结和推广节水企业的成功经验，通过配套鼓励政策、社会监督、舆论引导等措施，按照行业和企业特点因地制宜地开展节水管理与节水技术交流活动，提高企业节水的技术和管理水平，推动重点工业行业加快节水型企业建设。

六、深化水价改革，建立合理水价形成机制

我国水资源短缺与水资源浪费并存的主要原因是水价形成机制不合理、水价过低，不能反映水资源的稀缺程度。从现行的水利投资格局来看，其投资来源主要是政府财政投入和政策性贷款，以及政府出面征集的防洪工程建设费与少量的个人捐资，缺乏进入市场筹资的能力，投资渠道不畅，投资环境不佳。

低水价直接助长了水资源的浪费和水环境的破坏。我国大部分地区的农业灌溉仍然采用大水漫灌，工业生产也较少重视水的重复使用和水污染的治理，严重浪费水资源，破坏水环境进而使整个生态环境恶化。深化水价改革，建立合理的水价形成机制，对维持水利工程的正常运行、发展水利事业、减轻国家财政负担、促进水利事业的良性循环、合理利用和保护水资源具有十分重要的作用。

水作为一种稀缺资源，要实现全社会的节约用水、水资源优化配置和可持续利用的目标，需要采取经济、法律、行政等多种调控手段，经过长期的努力才能达到。在社会主义市场经济中，市场机制对资源配置起基础性的作用，而市场机制发挥资源配置作用的主要手段则是价格杠杆。那么什么样的水价才是合理、有效的，才能起到促进节约用水和优化水资源配置的作用呢？从实践来看，商品水价应该包括三个部分，即资源水价、工程水价和环境水价。

资源水价主要是体现国家对水资源的所有权，相应的收入应由政府来分配，它是水价组成中最重要、最活跃的部分。由于资源水价受到水资源总量、可供水资源的数量和结构、水资源的需求数量和结构、用水效率和效益及经济发展状况等多种因素的影响，因

此只有资源水价才能真正地、完全地反映水资源的稀缺程度,反映出水资源的供求关系。工程水价主要是用于弥补生产成本和为投资者提供合理的资本报酬,它包括工程(勘测、设计、施工、维修、养护)费,企业运行、经营、管理、资本(利息和折旧)费及企业的经营利润等。工程水价是供水企业的合理收入,是对供水企业的成本逐步回收的保障,也是对供水企业利润的约束。

环境水价就是经使用的水体排出用户范围后污染了他人或公共的水环境,为治理污染和水环境保护所需要的代价。它分为两个部分:一部分是用于弥补污水排放处理的成本费用,属于污水处理企业的合理收入。另一部分则是由于引用水资源对生态环境产生的影响的补偿,用于水环境和生态环境的恢复。

水价改革涉及面广,政策性强,必须综合考虑。首先,要进一步完善水价形成机制和管理办法,建立适合我国国情的水利工程供水价格形成机制,逐步将水价调整到合理水平。一是彻底解决供水的商品属性,用法规来明确水费是真正意义上的商品价格;二是规范水价的构成、分类、核定的原则以及水价的管理体制,使供水按照补偿成本、合理收益、公平负担的原则,合理制定和适时调整价格。其次,要改革供水管理体制,加强供水成本的核算和管理,减少不必要的中间环节,为制定切实可行的水价标准、改革水价制度创造良好的基础和环境。再次,强化水资源的分配与管理。加强对水资源的统一管理,搞好对水资源的优化配置,从而提高水资源的利用效益,通过科学合理的水价制度促进节约用水与水环境保护。要逐步推广用水定额内的正常水价和超定额用水的累进加价、丰枯水季节水价等,对污水排放与处理应有强制性措施。最后,要加强水价管理和收费工作。建立合理的水价形成机制,除水价制度本身要做到科学合理外,还要有好的管理机制,一要解决计量手段,二要建立一套切实可行的抄表、核算、收费制度。

水作为人民生活的基本条件和经济活动的基本要素,其价格的改革情况复杂，牵涉面广，政策性强，必须加强组织领导，加大宣传力度，让全社会了解水价改革的意义与作用，提高执行水价改革政策、积极交纳水费的自觉性，促进水价改革稳步顺利地进行。

七、培育节水文化，完善节水行为规范体系

通过文明教育、科技普及来塑造整个社会节水的科学节水系统和节水文化道德准则，形成科学有效的制度行为规范，逐步提高全民节水意识，实现节水文化与节水行为规范的良好互动，从而有力地推动节水型社会建设。

全民节水意识是人们在生产生活过程中，通过合理开发、高效利用水资源，缓解水资源供需矛盾，减少用水浪费，提高水资源利用效率和效益，形成节约保护水资源的习惯和意识。节水意识在行政管理层面，体现在加强水资源的行政管理，建立并实行最严格的水资源管理制度，合理配置水资源，促进水资源的可持续利用。在市场层面，体现在利用经济手段，完善水价形成机制，使水价能够充分体现水资源的稀缺性和公益性，既保证用水的公平和安全，又注重提高水资源的利用效率和效益。在用水终端层面，体现在用水过程中注重节约用水，应用节水技术工艺和产品，提高水重复利用率，自觉节约用水，抵制用水浪费。提高全民节水意识是减少用水浪费、提高用水效率的要求。我国水资源利用方式粗放，用水效率不高，导致水资源供需矛盾进一步加剧。另外，一些丰水地区依然存在着“水是取之不尽、用之不竭”的思想，一些缺水地区对高耗水项目把关不严，用水结构不合理，进一步加剧了水资源短缺矛盾。

节水文化是人类处理用水与节水关系的文化，是人们在用水过程中如何通过转变思想观念、改变生活方式、改进用水器具、加强用水管理、尊重水的权利，从而达到节约用水目的的文化。文化可以对人类产生长期的、潜移默化的影响，从而决定人的价值取

向，支配人的日常生活行为，所以说，促进节水文化的形成是节水型社会建设中非常重要的组成部分。

节水文化是内化于人们思想意识中的，对人们的行为有着自觉的指导作用。与制度的刚性约束相比，节水文化会让人们形成一种理念、一种习惯，从而更主动、更有意识地去实践节水的行为。节水型社会建设是需要广大社会成员共同参与的，因此在社会中大力传播节水文化，会加快推进节水工作进程，降低节水管理成本，以至为后代留下宝贵的精神财富，真正为实现国家的可持续发展创造有利条件。

一是要重视节水文化研究，深化节水文化内涵。要深化节水文化的科学研究，全面剖析人与水的关系，特别是精神层面的关系，研究人及人类社会对水的合理需求量，分析人的节水行为的心理、心态及其形成机制，认真总结和梳理人类特别是具有节约文明传统的中国人民在历史长河中关于节水方面的论述、典籍、要诀以及有关的伦理道德等，用文明的传承功能促进当今节水文明的推进和发扬。同时，节水文化研究要与现代化建设的现实背景紧密结合，一方面，提倡和谐意识，重塑人与自然的和谐，让社会成员意识到尊重水的自然规律、爱护水资源就是人类得以生存繁衍的基本要求；另一方面，培养人们对水的忧患意识，必须让全体民众懂得，水是生命之源，但也是一种稀缺的资源，我们已进入了一个水资源紧缺的时代，从而增强民众的水危机意识，更好地珍惜水、保护水、节约水。同时，发扬节俭意识，号召公众回归中华民族勤俭节约的优良传统，形成“节约水光荣、浪费水可耻”的社会风尚，引导人们形成合理用水的生活习惯。

二是要结合节水工作，制定节水行为规范。制度和规范是保障节水型社会建设的必要条件，也是促进节水观念形成的重要“他律”力量，因此节水工作要以制度和规范作为保障，实施合理的水价制度、节水激励机制等一系列行为规范，对浪费行为进行相应惩罚，从而规范人们生产生活中的用水行为，不断完善节水制度，形成先进的节水制度文化。具体而言，首先，国家要坚定不移地把节约资源和保护环境作为基本国策，把节约用水作为一条红线贯穿于国家政策中。特别是要从宏观和全局上调整经济结构与产业布局，量水而行，大力发展节水型工业、农业，推进节水型社会建设。其次，政府要构建一种促进节约用水的经济运行机制。如：通过建立水交易市场，实现水资源的高效配置；提高高耗水行业的水价，对一般用水户核定供水配额，超定额累进加价，以促进其节约用水。最后，要进一步完善我国的水资源管理法规和制度，通过制定和实施具体的奖惩措施来减少或杜绝水资源浪费的现象，将节水型社会建设纳入法制化轨道。

三是要加大宣传教育力度，提高节水意识。通过电视、广播、报刊、书籍等方式，加强节水宣传，实施系统的水教育，强化“保护水资源就是保护人类自己”的用水意识。要让社会成员了解自己作为社会一员与水这种自然环境重要因素的关系，让人们从本质上认识到水资源短缺、用水浪费、水资源利用效率低下、我国与国外用水意识上的差距，以及节水工作的重要性，摒弃陈旧的、不合理的用水观念，形成主动的节水意识，并以节水意识指导节水行为，形成公众节水认知－节水参与－节水监督的良性框架，提高全体国民的文明素质。同时，深入开展节水进企业、进学校、进社区、进家庭活动，在社会成员中要倡导每个公民都应采用健康文明的用水习惯，引导人们养成科学、合理的生活方式和节约型的消费观，在消费领域全面推广和普及节水技术，鼓励人们选择节水型产品，引导全社会的绿色消费行为。大力提倡节约用水的生活方式，使用节水产品，配置节水设施，建设节水型家庭。积极倡导绿色生活方式和文明消费，改变透支资源的生活和消费方式。确立新的生存观、幸福观和发展观，建立文明的消费模式。建立节水型城市、节水型社区、节水型企业，优先采购和推广节水型产品，努力倡导节水行动，促进人水和谐，以节制用水方式来从容应对水危机。

实现人水和谐、促进社会和谐是节水文化深邃内涵的集中体现，文化的功能往往是在“润物细无声”中实现的，我们要将节水文化建设渗透到观念、制度、物质的各个层面、各个环节之中，树立一种节水型的社会文化理念，建立起自律性发展的节水模式，让节水文化的魅力永放光彩，真正走上生产发展、生活富裕、生态良好的文明发展之路。

结　语

节水型社会建设是一个长期而复杂的过程，随着水资源和经济社会发展情势的变化，节水型社会建设总会不断出现新的挑战和新的要求，需要我们与时俱进，不断探索，以更加创新的思维、更加务实的作风来应对，继续把节水型社会建设作为一项长期坚持的战略任务，全面实行最严格水资源管理制度，大力推进节水型载体建设，不断健全水资源节约保护的经济调节机制，进一步深化完善水务管理体制改革，积极引导节水型社会建设向纵深发展。

充分发挥政府在节水型社会建设中的主导作用。在产业布局和城镇发展中充分考虑水资源条件，合理调整经济布局和产业结构，控制用水总量，降低经济社会发展对水资源的过度消耗和对水环境与生态的破坏。加强节约用水法律法规建设，建立完善节水法规体系，通过制度建设规范用水行为。制定区域、行业和用水产品的用水效率指标体系，加强用水定额和计划管理，实施建设项目节水"三同时"制度。加强节水监督和节水考核，落实各级政府和用水行业的节水减排目标责任，建立绩效责任考核机制。加大节水投入，加快推进节水工程建设，发展节水型工业、农业、服务业，培育节水产业，提高水资源利用效率和效益。

充分发挥市场在节水工作中的调节作用。完善水价形成机制，制定合理的供水水价，建立合理的水价梯度，根据不同的用水对象制定科学、合理的差异化水价。实行水利工程供水两部制水价、生产用水超定额超计划累进加价、高用水行业差别水价以及丰枯水价。实行农业水费计收办法，制定农业用水水费基本补贴标准、基准价格和阶梯价格，完善农业节水补贴政策。严格水资源费征收标准,扩大征收范围,并优先使用于水资源节约、保护和管理。制定节水强制性标准,建立用水效率标识制度,淘汰落后用水工艺、设备和产品,建立节水产品市场准入机制。

充分调动公众在节水工作中的积极性。系统完善节水宣传、教育机制,提高公众节水意识,掌握日常节水技能,使每一个公民逐步形成节约用水的意识,养成良好的用水习惯。制定节水激励措施,提高公众节水积极性。建立公开透明的公众参与机制,提升公众参与能力,保证公众有效参与各项节水工作的管理和监督,促进节水的社会化。鼓励建立各类用水户协会,参与水量分配、用水管理、用水计量和监督等工作,建立自觉节水的社会行为规范体系。

今后一个时期,节水型社会建设应作为统筹水资源管理的综合平台,将实行最严格水资源管理制度作为推进节水型社会建设的根本抓手,加快节水型社会建设进程。按照实施最严格水资源管理制度的要求,把节约用水贯穿于经济社会发展和群众生活生产全过程,通过建立和完善节水管理制度,理顺管理体制,转变用水观念、创新发展模式,采取工程、技术、法律、行政、经济等多种手段强化节水,切实转变用水方式,不断提高水资源利用效率和效益,建立政府调控、市场引导、公众参与的良性节水运行机制,全面建设节水型社会。

参考文献

[1] 江苏省《江苏省政府办公厅关于加快节水型社会建设的意见》(苏政办发[2007]56 号).

[2] 陕西省《陕西省人民政府关于加快节水型社会建设的意见》(陕政发[2007]70 号).

[3] 全国节约用水办公室《关于开展节水型社会试点中期评估工作的通知》(全节办[2010]3 号).

[4]《中共中央国务院关于加快水利改革发展的决定》(中发[2011]1 号).

[5] 水利部《关于做好第二批全国节水型社会建设试点验收工作的通知》(办资源[2011]449 号).

[6] 河北省《河北省人民政府关于实行最严格水资源管理制度的意见》(冀政[2011]114 号).

[7] 四川省《四川省人民政府关于全面推进节水型社会建设的意见》(川府发[2011]39 号).

[8] 水利部《关于报送节水型社会建设项目“十一五”工作总结的函》(办资源函[2011]937 号).

[9] 国务院文件《国务院关于实施最严格水资源管理制度的意见》(国发[2012]3 号).

[10] 水利部《关于印发节水型社会建设“十二五”规划的通知》(水规计[2012]40 号).

[11] 天津市《转发市水务局关于实行最严格水资源管理制度意见的通知》(津政办发[2012]1 号).

全国节水型社会建设试点分布图
图例
第一批试点
第二批试点
第三批试点
第四批试点
石河子市
五家渠市
乌鲁木齐市
阿拉尔市
吐鲁番地区
哈密地区
敦煌市
张掖市
德令哈市
武威市
西宁市
格尔木市
日喀则地区
二连浩特市
包头市
呼和浩特市
鄂尔多斯市
榆林市
延安市
庆阳市
咸阳市
宝鸡市
西安市
太原市
阳泉市
晋城市
侯马市
济源市
洛阳市
郑州市
平顶山市
安阳市
邯郸市
石家庄市
桃城区
廊坊市
海淀区
怀柔区
大兴区
德州市
滨州市
淄博市
广饶县
大庆市
哈尔滨市
长春市
四平市
辽源市
延吉市
辽阳市
本溪市
鞍山市
大连市
徐州市
淮北市
泰州市
南通市
南京市
张家港市
浦东新区
青浦区
金山区
合肥市
铜陵市
余姚市
舟山市
义乌市
玉环县
景德镇市
南昌市
萍乡市
襄樊市
荆门市
武汉市
鄂州市
宜昌市
岳阳市
长沙市
湘潭市
株洲市
绵阳市
德阳市
双流县
铜梁县
南川区
永川区
自贡市
清镇市
曲靖市
玉溪市
莆田市
泉州市
玉林市
北海市
东莞市
深圳市
海口市
三亚市
南海诸岛